농장해부도감

FARM ANATOMY
농장해부도감

인간과 자연이 빚어낸 결실의 공간,
농장의 모든 지식을
아름다운 그림으로 담다

줄리아 로스먼 글 · 그림 ｜ **이경아** 옮김

더숲

머리말

남편 매트의 조부모님이 네브래스카 주 오마하에서 시골 농가로의 이주를 결심했을 때 매트는 일곱 살이었다. 건강이 좋지 않았던 그의 할아버지는 어린 시절을 보낸 시골로 돌아가 남은 삶을 보내고 싶어 했다. 매트의 부모님은 그 뜻에 따라 삶의 터전을 옮기기로 했다. 마침, 아이오와 주의 소도시 테이버에서 살림집이 두 채 딸린 오래된 농장을 찾아냈고, 한 채는 매트의 조부모님이 쓰고 나머지 한 채는 매트와 부모님이 쓰게 되었다.

매트는 농장에서 달걀을 주워 모은다든지 장작을 팬다든지 두엄을 치운다든지 콩을 실어 나른다든지 하는 온갖 잡다한 일을 하며 자랐다. 그의 가족은 농사로 돈을 벌지는 않았지만 염소, 양, 앙고라토끼, 닭 등을 키웠다. 텃밭에서 키운 갖은 채소는 갈무리해 지하저장고에 보관했다. 그리고 집 주변에 있는 가족 소유의 농지는 다른 농부에게 빌려주어 옥수수와 콩 같은 작물을 돌려짓게 했다.

뉴욕에서 나고 자란 나는 대학에 진학하느라 뉴욕을 떠났다가 돌아왔다. 몇 년 전 시카고에서 대학을 졸업한 매트 역시 그즈음 뉴욕으로 왔다. 우리 둘은 친구들을 통해 알게 됐다. 정식으로 교제를 시작한 날, 우리는 발밑으로 지하철의 굉음이 느껴지는 퀸즈의 번잡한 거리를 돌아다녔다. 나는 매트에게 농장에서의 성장기를 들려달라고 했다. 평생을 도시에서만 살아온 내게 당시 그의 얘기는 무척이나 낯설게 들렸다. 그는 어느 해인가 자기 가족이 '추수감사절'과 '성탄절'이라 이름 붙인 칠면조 두 마리를 길렀다는 얘기를 들려줬다.

5

둘 사이의 교제가 더욱 진지해졌을 무렵, 우리는 매트의 부모님이 계신 롱에이커 가의 농장에서 성탄절을 함께 보내기로 했다. 공항에서부터 자동차로 긴 시간을 달리는 동안 나는 눈이 휘둥그레지는 경험을 했다. 사방을 둘러봐도 끝없는 평원으로 이어인 한갓진 도로를 오래도록 달린 끝에 땅거미가 내려앉기 직전이 되어서야 작은 언덕에 이르렀다.

우리를 맞아주는 염소 무리의 환대에 나는 이내 흥분하고 말았다. 울타리에 바짝 달라붙은 채 머리를 내민 녀석들을 쓰다듬어 주지 않고 어찌 그냥 지나칠 수 있으랴. 녀석들의 눈동자는 일자로 길쭉한 데다 귀마저 없었다. 생김새만 우스꽝스러웠던 게 아니다. 녀석들은 우리가 다가서자 떠들썩하게 울어댔다. 그런 와중에 어느 샌가 고양이 몇 마리가 내 발밑을 배회하면서 '야옹'하는 울음소리로 관심을 끌려고 했다. 나는 매트의 안내를 받아 쌓인 눈 위를 터벅터벅 걸었다. 그의 어머니가 우리를 향해 모자와 목도리를 던져주었다. 농장 곳곳에 건물이 얼마나 많던지, 헛간은 또 얼마나 커보이던지, 모든 것이 놀랍고 신기했다. 온통 흰 눈으로 덮인 농장의 모습은 비현실적으로 보이기까지 했다. 농장은 조용하고 고즈넉하기 이를 데 없었다. 어디에 시선을 두어도 언젠가 그림엽서에서 본 적이 있는 것 같은 겨울 풍경이 눈앞에 펼쳐졌다.

그날 밤 매트는 나를 옥수수밭으로 데려갔는데, 무서워 죽는 줄만 알았다. 그렇게 넓은 옥수수밭에, 그것도 한밤중에는 가본 적이 없었으니…… 머릿속에서는 옥수수밭이 등장하는 공포영화의 장면이 끊임없이 떠올랐다. 밭 한가운데에 이르러 혼자서는 도저히 돌아갈 엄두가 나지 않아 매트에게 돌아가자고 사정을 했다. 하지만 그는 내게 고개를 들어 별을 보라고 했다. 칠흑같이

어두운 밤하늘에 이루 헤아릴 수 없이 많은 별들이 총총히 떠 있었다. 살면서 그토록 많은 별을 본 것은 처음이었다. 그중 일부는 얼룩처럼 하늘에 번져 있었다. 성단이라고 불리는 작은 별무리였다. 숨 막히도록 아름다운 밤하늘은 지금까지도 내가 농장을 찾는 가장 큰 이유다.

우리는 그 후로도 여러 차례 농장을 찾아갔고 그때마다 나는 배울 것들과 이야깃거리를 챙겨서 집으로 돌아왔다. 한번은 루바브 통조림 몇 개를 브루클린의 아파트로 가져와서 매트의 어머니가 일러준 방식대로 파이를 구워 가족들과 나눠먹기도 했다. 또 언젠가는 농장 헛간에서 오래된 목재를 주워와 장식용 선반을 만든 적도 있다.

이번 책을 작업하는 동안 자급하는 삶에 대해 많은 걸 배웠으며 남편 매트가 성장한 삶의 뿌리를 충분히 이해할 수 있었다. 그의 성장 배경이 된 삶의 가치와 전통을 미약하나마 우리의 평범한 일상으로 가져오고 싶다. 매트는 우리가 다시 그곳 농장으로 돌아간다면 농부들이 써레질에 사용하는 스프링투스가 어떻게 생겼는지 세상 사람들에게 알려줄 수도 있고, 이웃집에서 기르는 닭이 어떤 품종인지도 알아맞힐 수 있다며 끈질기게 졸라댄다. 물론 나도 그렇게 되기를 간절히 소망한다!

Julia
Rothman
줄리아 로스먼

남편 매트네 시골 농장

테이버, 아이오와 주

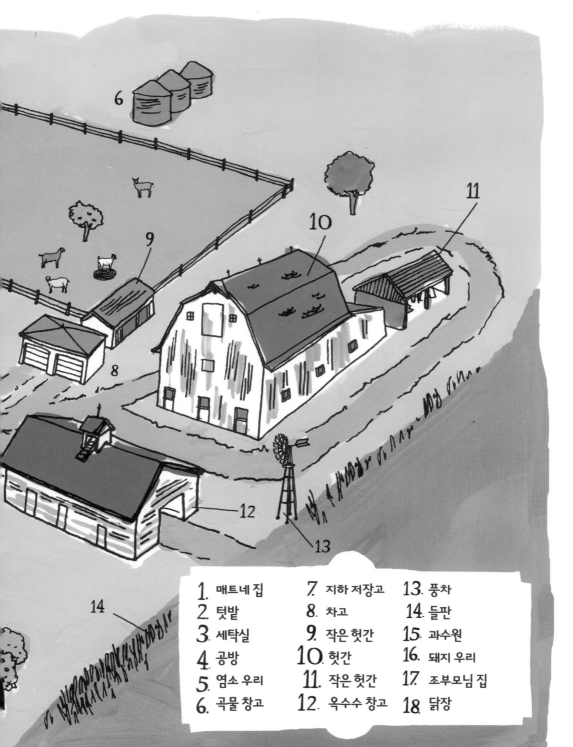

1. 매트네 집	**7.** 지하 저장고	**13.** 풍차
2. 텃밭	**8.** 차고	**14.** 들판
3. 세탁실	**9.** 작은 헛간	**15.** 과수원
4. 공방	**10.** 헛간	**16.** 돼지 우리
5. 염소 우리	**11.** 작은 헛간	**17.** 조부모님 집
6. 곡물 창고	**12.** 옥수수 창고	**18.** 닭장

차례

머리말 · 5

CHAPTER 1
땅을 일군다는 것

토양 · 16 | 표토 · 17 | 토양의 삼각분류법 · 17 | 토양 속의 무기영양소 · 18 | 돌려짓기 · 19 | 등고선 경작과 계단식 경작 · 20 | 방풍림 · 21 | 날씨 예보 · 22 | 퇴비 만들기 · 24 | 에이커와 섹션 · 25

CHAPTER 2
농장의 구조

헛간 지붕의 일반적 형태 · 28 | 헛간 문의 다양한 형태 · 30 | 헛간 지붕 장식 · 32 | 헛간의 사는 새와 다양한 농장 건물 · 33 | 닭장과 가축 우리 · 36 | 동물의 먹이통 · 41 | 염소 우리 · 42 | 양 우리 · 43 | 마구간 · 44 | 토끼 우리 · 45 | 목장의 울타리 · 46 | 목장 출입구 · 47

CHAPTER 3
다양한 농기계와 농기구

트랙터 · 50 | 트랙터의 변천사 · 51 | 밭갈이 요령 · 52 | 건초 수확과 보관 · 56 | 콤바인과 농기계들 · 60 | 벌목과 장작 · 65 | 나무 식별하기 · 67 | 공구 창고에서 찾아볼 수 있는 공구들 · 68

CHAPTER 4
논밭의 각종 작물들

미국에서 마지막 늦서리가 내리는 지역별 날짜 · 72 | 미국에서 첫서리가 내리는 지역별 날짜 · 73 | 명아줏과 · 74 | 국화과 · 76 | 십자화과 · 77 | 박과 · 79 | 콩과 · 82 | 백합과 · 86 | 볏과 · 87 | 가짓과 · 88 | 미나리과 · 96 | 허브의 종류 · 98 | 그 밖의 곡류 · 100 | 과수원 가꾸기 · 106 | 텃밭을 망가뜨리는 벌레들과 텃밭에서 만나는 고마운 벌레들 · 108

CHAPTER 5
농장에서 만날 수 있는 다양한 동물

수탉 해부학 · 113 | 볏의 형태 · 114 | 달걀을 얻기 위해 키우는 닭 · 116 | 고기를 얻기 위해 키우는 닭 · 117 | 달걀과 고기를 모두 얻기 위해 키우는 닭 · 118 | 달걀 해부학 · 119 | 신선한 달걀 감별법 · 121 | 그 밖의 가금류 · 122 | 미국의 토종 칠면조 · 124 | 식용소 해부학 · 127 | 소의 뱃속에서는 어떤 일이 벌어질까 · 128 | 영국의 식용소 · 129 | 유럽과 북미의 식용소 · 130 | 그 밖의 식용소 · 131 | 다양한 젖소 품종 · 132 | 젖소 젖 짜기 · 134 | 염소 해부학 · 137 | 젖을 얻기 위해 기르는 염소 · 138 | 고기를 얻기 위해 기르는 염소 · 140 | 털을 얻기 위해 키우는 염소 · 141 | 말 해부학 · 145 | 말 구별법 · 146 | 일말 품종 · 148 | 마구 · 150 | 노새 · 151 | 돼지 해부학 · 153 | 널리 사육되는 돼지 품종 · 154 | 가축의 하루 물 소비량 · 157 | 양 해부학 · 159 | 다양한 양 품종 · 160 | 양털 깎기 · 162 | 양털 정리와 등급 · 163 | 토끼 해부학 · 165 | 애완용 토끼 · 166 | 육용종 토끼 · 167 | 모용종 토끼 · 168 | 털 종류와 색깔 · 169 | 벌 해부학 · 171 | 벌통의 구조 · 172

CHAPTER 6
시골에서 만들고 맛보는 요리

시골집 부엌에서 볼 수 있는 오래된 조리 기구들 · 176 | 와인 만들기에 필요한 용품 · 180 | 식용 가능한 꽃 · 182 | 누구나 따라할 수 있는 빵 만들기 · 184 | 다양한 유제품 · 187 | 수제 치즈 만들기 · 188 | 다양한 고기칼 · 190 | 닭고기 손질법 · 191 | 최상등급 소고기 · 192 | 훈제통 만들기 · 195 | 최상등급 돼지고기 · 196 | 건염법으로 햄 만들기 · 198 | 최상등급 양고기 · 200 | 냉동육의 최대 저장 기간 · 203 | 각종 채소의 통조림 만들기 · 204 | 지하 저장고 · 207 | 메이플 시럽 만들기 · 208

CHAPTER 7
자연에서 하는 취미생활

실 만들기 · 212 | 실 잣기 · 213 | 천연염색 · 214 | 압화 만들기 · 216 | 옥수수껍질로 인형 만들기 · 217 | 래그러그 만들기 · 218 | 양초 만들기 · 219 | 퀼트 만들기 · 220 | 인기 많은 퀼트 문양 · 221

참고문헌 · 224
감사의 말 · 227

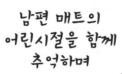

남편 매트의
어린시절을 함께
추억하며

CHAPTER 1

땅을 일군 다는 것

토양: 흙

가장 위쪽의 표층은
잎과 나뭇가지 등이 분해된
유기물(부식토)을 함유하고 있다.

표토로 알려진 거무스름한 토양층에서는
씨앗이 싹트고 뿌리가 자란다.
여기에는 다양한 무기물과 유기물이 섞여 있다.

이 층은 주로 모래와 침적토로 이루어져 있다. 이는 물이 토양 틈새로
빠져나오면서 무기물과 미세한 점토가 아래쪽으로 이동하는 세탈 작용 때문이다.

흔히 심토로 불리는 이 층에는 점토를 비롯해
철이나 알루미늄 같은 무기물이 들어 있다.

이 층은 대개 부서진 암석으로 이루어져 있다.

토양은 깊이감이나 구성요소에 따라 여러 개의 층으로 나뉜다.

16

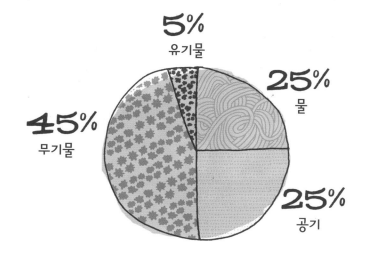

5%
유기물

25%
물

45%
무기물

25%
공기

토양의
삽각 분류법

토양을 질감에 따라 분류하면
12가지 유형으로 나뉜다.
이 도표를 통해 점토, 모래,
침적토의 함유율에 따른
토양의 유형을 알 수 있다.

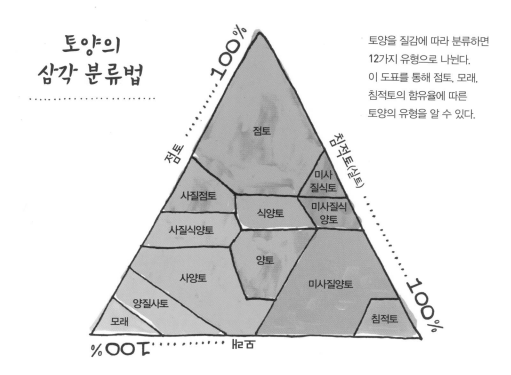

점토 100%

침적토(실트)

100%

점토

미사질식토

사질점토

식양토

미사질식양토

사질식양토

양토

사양토

미사질양토

양질사토

모래

침적토

100% .... 모래

토양 속의 무기영양소

식물은 흙에서 수많은 필수 무기영양소를 얻는다. 이들 영양소는 다량영양소와
미량영양소로 나뉜다. 그중에서도 1차 다량영양소(3대 영양소)는 식물의 성장과
생존을 위해 가장 필요한 주요 영양소를 일컫는다.

한편, 미량영양소는 소량만이 필요하다. 식물이 이상한 색을 띠거나 성장이 원활하
지 않거나 겹눈이 난다면 특정한 미량영양소가 부족하다는 신호일 수 있다.
이럴 경우 토양 분석을 통해 어떤 영양소가 부족한지를 점검해본다.

다량영양소

1차 영양소

질소   인산   칼륨

2차 영양소

칼슘   마그네슘   황

미량영양소

염소   구리   철   망간   몰리브디늄   아연   붕소

돌려짓기
(윤작)

땅심(지력)을 유지하고 양분 고갈을 막기 위해 농부들은 해마다 짓는 작물을 바꾼다. 돌려짓기는 토양 침식을 줄이고 잡초를 억제하며 해충 방제에도 도움이 된다.

2년차

귀리

옥수수

곡식
돌려짓기의 예

밀

1년차

3년차

4~5년차

토끼풀(토양에 질소 성분을 되돌려준다)

2년차

양파

토마토

3년차

채소
돌려짓기의 예

콩

1년차

(토양에 질소 성분을 되돌려준다)

4년차

양배추

등고선 경작과 계단식 경작

경사지의 토양 침식을 막기 위해 농부들은 자연 그대로의 등고선을 살려 이랑을 만든다.
밭을 일구면서 생긴 작은 이랑은 빗물의 유실과 토양의 풍화작용을 막아준다.

계단식 경작을 위해서는 땅을 평평하고 얕은 계단 형태로 만들어야 한다.
이런 계단식 논은 많은 양의 담수를 필요로 하는 벼농사에 흔히 이용된다.

방풍림

나무와 관목을 줄지어 심어두면 토양 침식을 예방하고 거센 바람을 막아준다.
이런 방풍림은 에너지 보존에도 도움이 된다. 여름에는 그늘을 만들어 집을
시원하게 하고 겨울에는 바람과 눈보라를 막아 따뜻하게 해주기 때문이다.

수종으로는 키가 크고 성장이 빠르며 바람을 이기는 힘이 큰 것이 좋다.
낙엽수보다는 상록수가 알맞고, 수명이 긴 침엽수가 좋다.

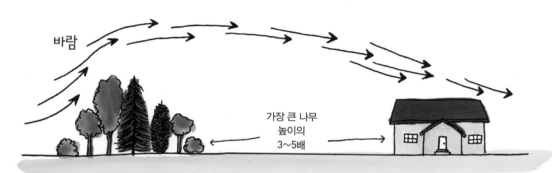

바람

가장 큰 나무
높이의
3~5배

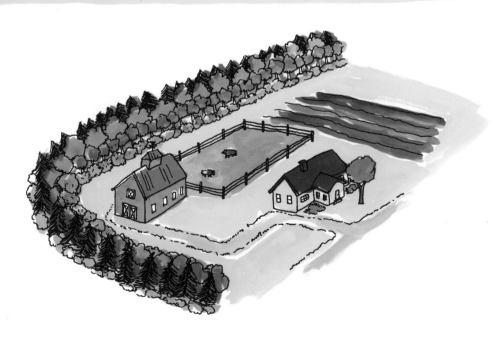

날씨 예보

일기예보에만 의지할 수는 없다. 날씨를 예측하는 몇 가지 방법을 알아두면 밭에서 일을 하다가 갑작스레 비바람을 맞게 되는 곤란한 상황을 피할 수 있다.

구름의 형태

어떤 구름은 비나 폭풍을 예고하는 훌륭한 예보관의 역할을 한다.

풀밭에 맺힌 아침 이슬

이슬이 많이 내린 것은 이를 걷어낼 만큼 바람이 강하게 불지 않으리라는 징조. 아침 이슬은 대개 비바람 없이 화창한 날씨를 예보한다.

동물의 행동

비바람이 몰려오기 전에 기압으로 귀의 통증을 느낀 새들은 지면 가까이에서 낮게 비행한다. 젖소들은 폭풍에 대비해 옹기종기 모이거나 땅에 납작 엎드린다.

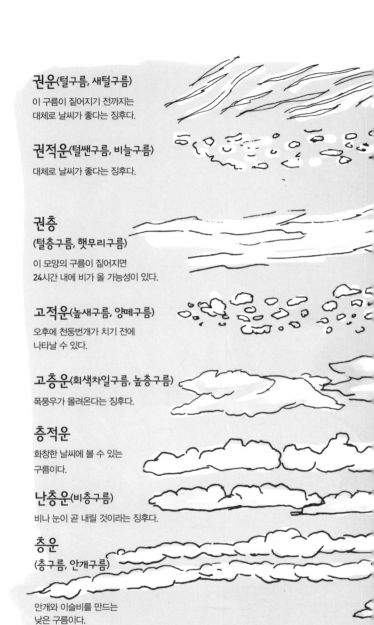

권운(털구름, 새털구름)

이 구름이 짙어지기 전까지는 대체로 날씨가 좋다는 징후다.

권적운(털쌘구름, 비늘구름)

대체로 날씨가 좋다는 징후다.

권층
(털층구름, 햇무리구름)

이 모양의 구름이 짙어지면 24시간 내에 비가 올 가능성이 있다.

고적운(높쌘구름, 양떼구름)

오후에 천둥번개가 치기 전에 나타날 수 있다.

고층운(회색차일구름, 높층구름)

폭풍우가 몰려온다는 징후다.

층적운

화창한 날씨에 볼 수 있는 구름이다.

난층운(비층구름)

비나 눈이 곧 내릴 것이라는 징후다.

층운
(층구름, 안개구름)

안개와 이슬비를 만드는 낮은 구름이다.

적란운(쌘비구름, 소나기구름)
대개 날씨가 곧 사나워진다는 징후다.

−5

−4

마일
(1마일=약 1.6킬로미터)

−3

−2

적운(쌘구름, 뭉게구름)
화창한 날씨를 예보한다.

−1

23

퇴비 만들기

퇴비화는 미생물을 이용해 유기 폐기물을 양분이 많은 거름으로 분해하는 과정을 일컫는다.
잘 만들어진 퇴비는 질소질(녹색)과 탄소질(갈색) 성분이 3대 1의 비율을 유지한다.*
토양 유기체는 이런 퇴비를 불과 2주 만에 분해하여 양분이 많은 유기물로 만든다.

녹색

질소질 성분이 풍부

텃밭 부산물
음식물
잔디 깎은 것
커피 찌꺼기
각종 털

갈색

탄소질 성분이 풍부

종이
마른 나뭇잎
나뭇조각
짚
톱밥

---

* 퇴비 만들기의 핵심은 탄질비(탄소질 성분과 질소질 성분의 비율)에 있다. 미생물이 거름을 분해할 때
탄소질은 에너지원(연료)이고 질소질은 영양분(먹이)에 해당된다.

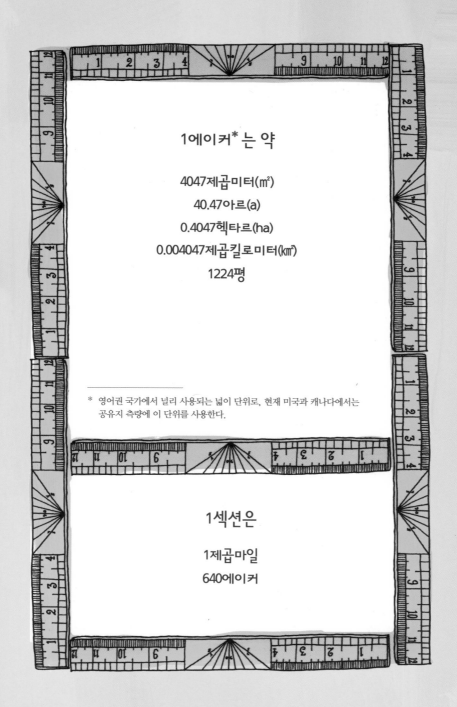

1에이커*는 약

4047제곱미터(㎡)

40.47아르(a)

0.4047헥타르(ha)

0.004047제곱킬로미터(㎢)

1224평

---

* 영어권 국가에서 널리 사용되는 넓이 단위로, 현재 미국과 캐나다에서는
공유지 측량에 이 단위를 사용한다.

1섹션은

1제곱마일

640에이커

CHAPTER 2

농장의 구조

헛간 지붕의
일반적 형태

박공지붕

맞배(2단박공)지붕

솟을지붕

고딕양식지붕

28

목구조

헛간은 주로 목재를 재료로 하며,
중량목구조로 지을 때가 많다.
기둥과 보가 다양한 형태의 쪽매로
단단히 결합되어 있다.

**영국식
헛간 구조**

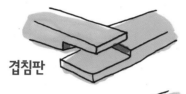

겹침판

장부맞춤

사개맞춤

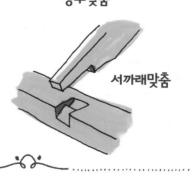

서까래맞춤

트러스 구조

큰 지붕을 떠받치기 위해 트러스라 불리는 삼각형의 구조물로 뼈대를 조립한다.
트러스에도 다양한 형태가 있다.

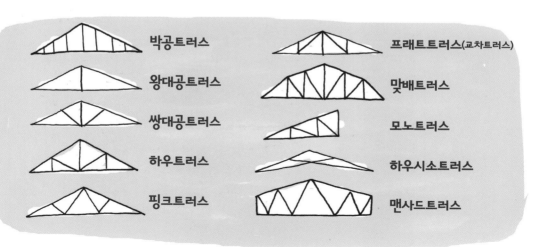

박공트러스

왕대공트러스

쌍대공트러스

하우트러스

핑크트러스

프래트트러스(교차트러스)

맞배트러스

모노트러스

하우시소트러스

맨사드트러스

헛간 문의
다양한 형태

쌍여닫이문

이런 문은 점차 사라지는 추세다.

미닫이문

트랙터 같은 차량이 쉽게 드나들 수 있다.

외여닫이문

오버헤드문

편리하지만 비용이 많이 든다.

네덜란드식 여닫이문

가축을 가두어둔 우리 안으로
빛이 들어갈 수 있도록 고안된 문이다.

문 버팀대

문이 클수록 버팀대도 많이 필요하다.

버팀대 + 문틀

수평 버팀대(귀잡이)

Z형 버팀대

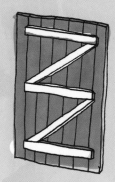

더블Z형 버팀대

X형 버팀대

문 걸쇠

대부분의 문짝에는 단순한 형태의 걸쇠가
효과적으로 쓰인다.

단순한 걸쇠

평면 볼트

연철 걸쇠

스프링가로대 걸쇠

안으로 젖히는 창

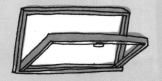

이런 형태의 창을 벽면에 높이 설치하면
환기에 좋을 뿐만 아니라 가축 우리의
외풍을 막는 데도 도움이 된다.

헛간 지붕 장식

헛간 지붕은 환기에 도움이 되는 큐폴라(cupola)*로 장식하는 경우가 많다.
큐폴라에는 다양한 형태와 양식이 있으며,
꼭대기에는 피뢰침이나 풍향계를 설치할 수도 있다.

* 잔을 엎어놓은 모양의 작은 돔. 작은 탑이나 지붕, 더 큰 돔의 꼭대기를 장식할 때 쓰인다.

헛간에 사는 새와 다양한 농장 건물

제비

제비과에 속하는 조류 가운데
가장 널리 분포하는 종이다.
녀석들은 대개 헛간 서까래에서
살아가며, 진흙과 풀을 이용해 벽이나
선반에 컵 모양의 둥지를 짓는다.
제비는 뛰어난 비행실력을 발휘해
날아다니는 곤충을 잡아먹는다.

원숭이올빼미

전체적으로 올빼미와 비슷하지만 얼굴이
하트 모양이고 눈이 올빼미보다 작다.
나무의 빈 속이나, 낭떠러지, 버려진
헛간 같은 곳에 둥지를 짓는 경향이 있다.
마당에 4.5~7.5m 높이로 새집을
달아두면 원숭이올빼미를
불러들일 수 있다.

새집

옥수수 창고

이곳은 옥수숫대에 붙어 있는 그대로
옥수수를 말리거나 보관하는 데 이용된다.
건조를 마친 옥수수는 가축의 사료로 쓰인다.
대개 옥수수 창고의 벽은 통풍이 잘 되도록
널조각을 댄다.

건초 창고

비를 피하고 건조한 상태를 유지하기 위해
건초 창고에는 지붕을 덮어야 한다.
건초를 싣고 내릴 트랙터가
드나들기 쉬우며 지붕이 있는
구조물에 보관한다.

곡물 창고와
사일로

곡물 창고에는 줄기를 제거해 말린 곡물을
보관한다. 사일로(silo)에는 가축의 사료로
이용되는 사일리지(silage)를 보관할 수 있다.
사일리지는 곡물을 덜 익은 상태로 수확한 후,
줄기 채로 썰어 무산소 상태에서 사일로에
보관하면 자연 발효가 이루어진다.

곡물 창고   사일로

미국식 풍차

풍차는 미국의 농촌 풍경을 대표하는 상징물이다.
오래된 풍차가 장식용으로 남아 있는 경우도
종종 있지만, 상당수의 풍차는 여전히
물을 끌어올리는 본래의 용도로 사용된다.

풍차 날개는 풍력을 에너지원으로 삼아
회전하면서 펌프를 가동시킨다. 꼬리 날개는
바람이 풍차 바퀴를 회전시키도록 돕는
역할을 하기 때문에 언제나 바람이 불어오는
쪽을 정면으로 향한다. 이렇게 가동되는
펌프는 지하의 깊은 대수층에서 지하수를
끌어올린다. 남는 물은 물탱크로 보내
저장할 수 있다.

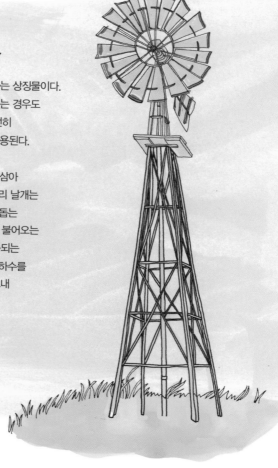

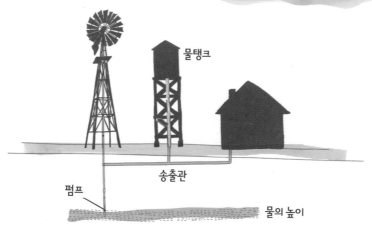

물탱크

송출관

펌프

물의 높이

닭장과 가축 우리

닭장의 형태와 규모는 천차만별이다. 모이와 깨끗한 물을 담아둘 곳, 깨끗하고 잘 마른 둥지,
닭이 헤집고 다니기 좋은 공간. 이 세 가지는 닭장에 꼭 필요한 요소다.
닭장은 매, 족제비, 들개 같은 동물이 접근하지 못하도록 농장에서 가장 안전한 곳에 설치한다.
닭 한 마리당 적어도 0.2m²(약 0.05평)의 공간이 확보돼야 한다.
사육하는 닭의 수에 따라 닭장의 규모도 결정된다.

달걀을 꺼내기 쉽게
뚜껑이 달린 둥지상자

달걀 모양의 닭장
노그

일 년 내내 자리를 옮길 수 있는 이동식 닭장도 있다. 닭들은 땅을 헤집고 다니면서 쪼거나 구멍을 내기 때문에 닭장을 옮길 수 있으면 좋다.

독창적인 방법으로 만든 재미있는 닭장들도 많다. 집 모형처럼 만든 닭장에서부터 낡은 짐마차 지붕에 만든 닭장에 이르기까지 다양하다. 닭장을 직접 만들지 않고 조립식 닭장을 구입할 수도 있다. 닭 키우기가 널리 인기를 끌면서 '노그(NOGG)'처럼 현대적 디자인을 자랑하는 닭장도 등장했다.

둥지

닭장 내부의 둥지상자에는 닭이 알을 낳을 수 있는 은밀한 공간이 마련되어야 한다. 둥지상자는 닭이 그 위에 서거나 올라앉을 수 없게 비스듬히 설계된다.

횃대

닭이 밤에 올라가 잠을 잘 수 있는 횃대를 닭장 안에 설치해둔다.

모이통

모이통을 공중에 매달아두면 닭이 그 위로
올라앉는 걸 막을 수 있다. 옆면이
급경사로 테두리가 둘러져 있는
구조는 닭이 모이를 바닥에 흩어놓는
것도 예방한다.

급수기

급수기에 물을 가득 채워 마개를 돌려
잠근 다음 뒤집어놓는다. 물은 바닥의
가운데 둥그스름하게 패어 있는 쪽으로
흘러나온다.

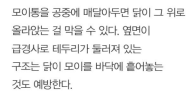

껍질이 단단한 달걀을 얻으려면
닭에게 칼슘도 먹여야 한다.
모이의 분해와 소화를 돕기
위해서는 모래도 필요하다.
이런 보조 먹이를 넣어둔 급여통은
닭들이 접근하기 쉽게 만들 필요가 있다.

보조 먹이 급여통

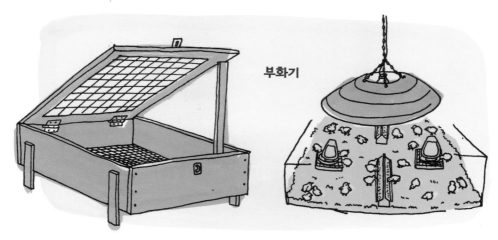

부화기

부화기는 어미 닭 없이 병아리를 부화시킬 때 이용된다.

부화기에는 조명을 높이 달아 따뜻한 상태를 유지한다. 짚이나 종이를 깔아두고 그 위에 작은 모이통과 물통을 올려둔다.

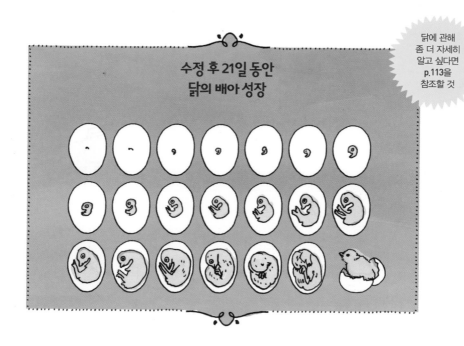

수정 후 21일 동안 닭의 배아 성장

닭에 관해 좀 더 자세히 알고 싶다면 p.113을 참조할 것

이동 가능한 차양막

가축은 일 년 내내 실외에서도 잘 지낸다.
하지만 폭염으로 자연 그늘이 부족할 때에는
이동이 가능한 차양막을 조립해 가축에게
그늘을 만들어줄 수도 있다.

송아지 우리

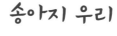

날씨가 안 좋을 때는 어린 송아지를
보호할 필요가 있다. 삼면이 막힌 우리는
바람막이의 역할을 충분히 해준다.

송아지 먹이용 우리

송아지는 어미 소가 들어가지 못하게
특수 제작된 우리에 들어가
이유식용 잡곡을 먹는다.

동물의 먹이통

곡물과 미네랄제를
담아두는 상자

여물통

돼지사료
급여기

미네랄제급여통

건초급여기

두루마리 건초급여기

염소 우리

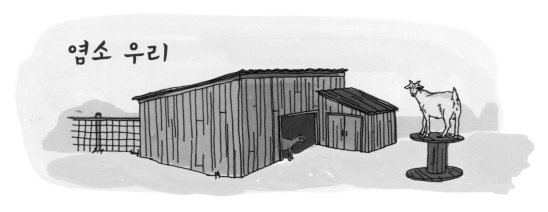

염소에게는 비바람과 눈을 피할 곳이 필요하다. 아늑한 우리가 있으면 혹독한 추위에도
녀석들은 따뜻하게 지낼 수 있다. 하지만 무더운 날씨를 대비해 통풍이 잘 되고 그늘이 있어야 한다.
건초는 훌륭한 깔짚의 역할을 한다. 위쪽의 깔짚은 며칠마다 교환해주어야 하며,
봄가을에는 아래쪽의 오래된 깔짚을 말끔히 걷어내고 건초를 새로 깔아준다.

염소는 기어오르기 선수인 데다 아무리 작은 구멍이라도 뚫고 나갈 수 있기 때문에
울타리를 단단히 쳐둘 필요가 있다. 경험이 많은 염소지기의 말을 빌리면,
물을 가둬놓을 수 없는 울타리로는 염소도 가둬놓을 수 없다는 말이 있을 정도다.
오래된 케이블 릴이나 트랙터 타이어는 염소들에게 재미있는 놀이기구가 된다.

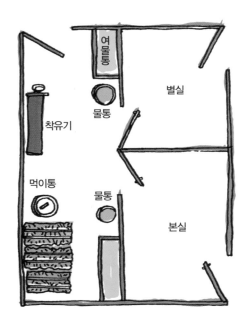

염소 우리는 대개 본실과 별실로 나뉜다.
별실은 분만실로 이용되거나 아픈 염소를
격리시키는 데 이용된다. 먹이는 호기심 많은
염소가 올라가지 못하는 곳에 안전하게
보관해야 한다. 여물통과 물통은 벽면의 다른쪽에
자리를 잡는 경우가 많으며 염소가 먹이를
엎지르거나 못 쓰게 만드는 일이 없도록
개폐장치를 갖추어둔다.

양 우리

삼면이 둘러막히고 통풍이 잘 되는 우리는 양이 무더위와 비바람, 눈을 피할 수 있게 해준다.

새끼 우리는 갓 태어난 새끼 양이 어미 양에 밟히거나 춥고 습한 날씨에 노출되지 않도록 보호하는 공간이다. 이런 우리는 1.2×1.8m(가로×세로)의 크기가 확보되어야 하며 어미 양이 새끼를 지켜볼 수 있을 정도로 벽이 낮아야 한다.

새끼 우리

마구간

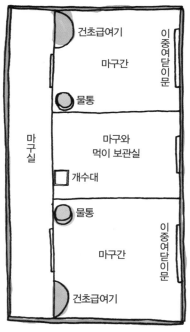

건초급여기

마구간

이중여닫이문

물통

마구실

마구와
먹이 보관실

개수대

물통

마구간

이중여닫이문

건초급여기

빛이 잘 들어오고 통풍이
잘 될수록 좋은 마구간이다.
곰팡이, 진드기, 먼지는
호흡기 질환을 일으키는
주범이기 때문이다.
칸칸마다 말의 키 높이에 맞는
창문이 달린 이중여닫이문을
달아두면 말이 밖을 내다볼 수
있다. 마구와 안장은 갈고리에
걸어 마구실에 보관한다.

건초급여기

자동 급수기

토끼 우리

토끼는 하루 중 대부분을 우리에 머물기 때문에 녀석들이 먹고 돌아다닐 만큼
충분한 공간이 확보되어야 한다. 토끼는 영하의 추위도 견딜 수 있지만
비바람과 눈은 피할 수 있게 해주는 것이 좋다. 또 무더운 날씨에는
그늘을 만들어줄 필요도 있다.

토끼 우리는 대개 아연도금한 철사로 만든다. 바닥도 철사로 만들어두면
배설물이 아래쪽 선반으로 떨어져 청소가 용이해진다.

물병은 우리의
벽면에 걸어둔다.

운반상자

먹이 급유기에는
부스러기와 먼지가 통과하여
빠질 수 있도록 거름망이
달려 있다.

목장의 울타리

가시철조망 울타리

약 3m 간격으로 말뚝을 박는다. 이 때 땅을 90cm 정도로 깊숙이 파거나 말뚝에 시멘트를 발라 고정시킨다.

나무 울타리

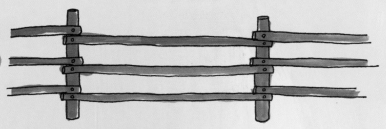

튼튼해서 울타리로 많이 쓰이는 나무로는 향나무, 리기다소나무, 아까시나무, 오세이지오렌지나무, 감별참나무가 있다.

철망 울타리

철망은 추위에 수축될 수 있기 때문에 약간 성기게 짜는 것이 좋다.

전기철조망 울타리

감전 사고를 유발하는 쇠붙이가 울타리에 닿지 않도록 주의한다. 젖은 나무 역시 감전을 일으킬 수 있다.

46

목장 출입구

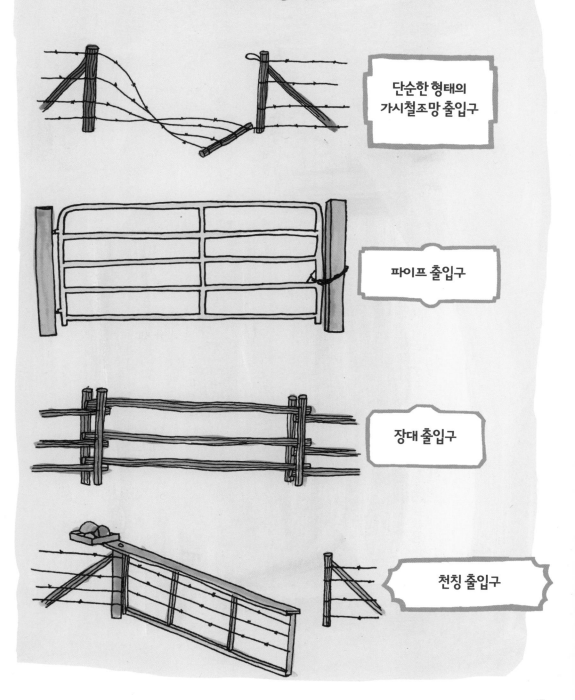

단순한 형태의
가시철조망 출입구

파이프 출입구

장대 출입구

천칭 출입구

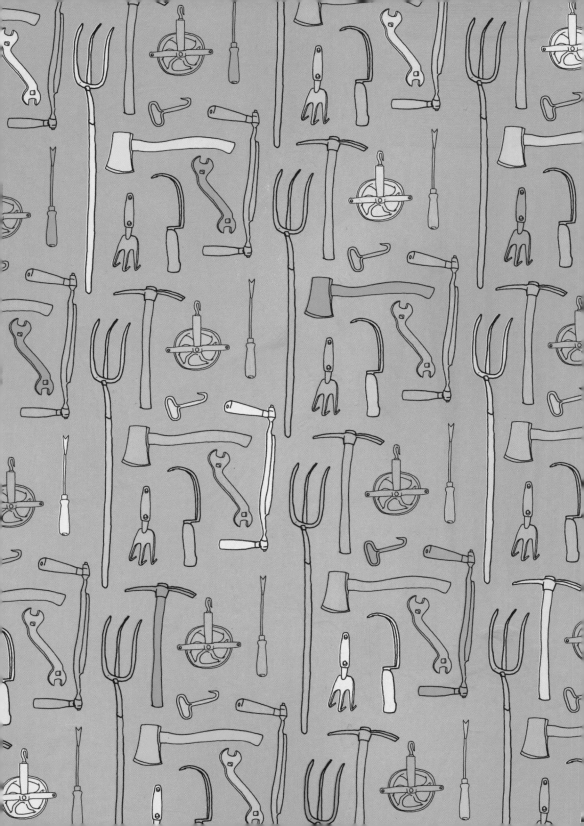

CHAPTER 3

다양한 농기계와 농기구

트랙터

다양한 부속장비와 더불어 만능일꾼 역할을 하는 트랙터는
대부분의 농가에서 가장 중요한 농기계로 꼽힌다.

건초 묶음틀

건초 스파이크

균형추

운전석

배기 굴뚝

림

흙받이

균형추

트레드 바

트랙터의 변천사

이 트랙터는 워털루 가솔린 트랙션이라는
회사가 1914년에 제작했다.
1918년 존 디어 사는 워털루 사를
매입해 이처럼 인기 많은 2기통
엔진 형태를 오랫동안 유지했다.

**1914년,
존 디어, 워털루 보이**

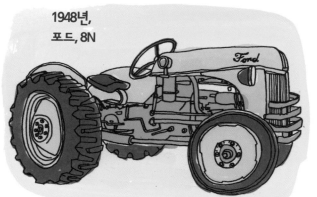

**1948년,
포드, 8N**

1945년 헨리 포드의 손자인 헨리 2세(당시 28살)
는 적자에 허덕이는 회사를 물려받았다.
그는 이전의 모델에 20가지 사항을 개선시킨
트랙터를 새로이 선보였다. 그의 트랙터는
대성공을 거둬 출시 첫해에만 10만 대
이상이 팔렸다.

**1973년,
인터내셔널, 1486**

1970년대에는 무엇보다도 편안한 승차감이
중시되었다. 트랙터 제조회사들은 운전석에
냉난방 장치를 갖추고 먼지가 차단되도록 했다.
이 모델은 문이 닫히면 필터를 통해 운전석
내부 공기가 정화되도록 제작되었다.
또 라디오, 카세트 플레이어, 고급 시트를
옵션으로 선택할 수 있었다.

밭갈이 요령

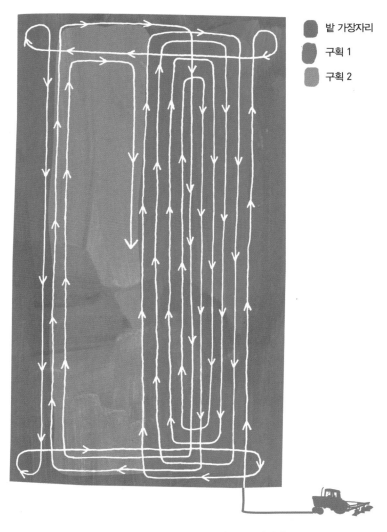

밭 가장자리
구획 1
구획 2

밭 가장자리에서 시작해 순환하면서 각 구획의 중심부로 들어간다.
한가운데에 갈지 않은 땅이 한 줄 남을 때까지 구획 1을 직사각형으로 돌면서 간다.
구획 1의 남은 부분을 다 갈아엎으면 구획 2로 옮겨간다.
마찬가지 방법으로 구획 2를 갈고 나면 밭 가장자리의 남은 부분을 마저 간다.

토양층에 관해
자세히 알고 싶으면
p.16을
참조할 것

쟁기

쟁기는 토양의 가장 위쪽인 표층을 뒤집어 양분을 공기에
노출시키고 잡초를 흙으로 덮어버린다.

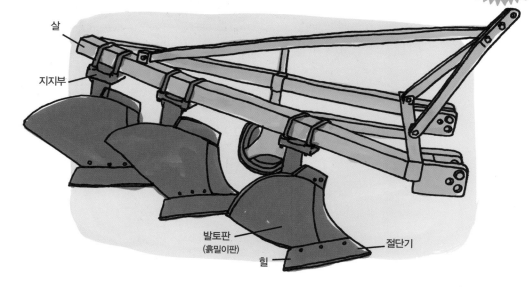

살

지지부

발토판
(흙밑이판)

힐

절단기

옛날식 말쟁기

1879년 쟁기 제조업체인 게일 사는
〈아메리칸 애그리컬처리스트American Agriculturist〉 38호에
옛날식 쟁기인 "칠드(CHILLED)" 쟁기를 16달러에
내놓는 광고를 게재했다.

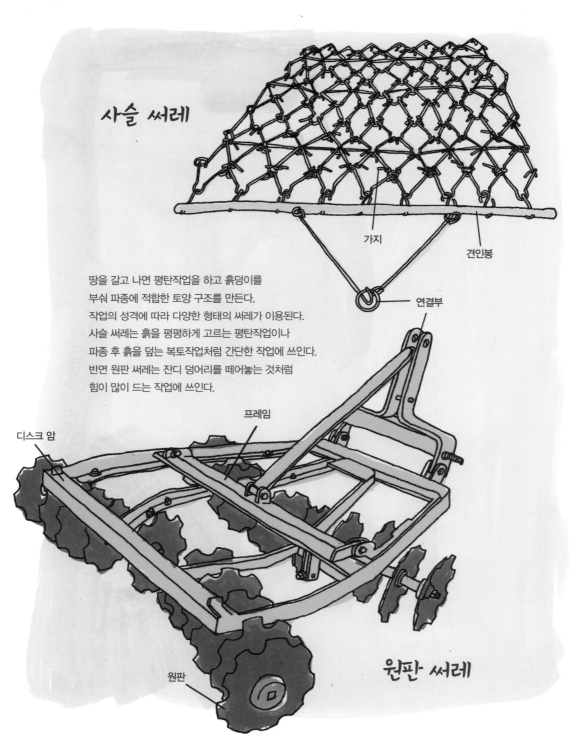

사슬 써레

가지

견인봉

연결부

땅을 갈고 나면 평탄작업을 하고 흙덩이를
부숴 파종에 적합한 토양 구조를 만든다.
작업의 성격에 따라 다양한 형태의 써레가 이용된다.
사슬 써레는 흙을 평평하게 고르는 평탄작업이나
파종 후 흙을 덮는 복토작업처럼 간단한 작업에 쓰인다.
반면 원판 써레는 잔디 덩어리를 떼어놓는 것처럼
힘이 많이 드는 작업에 쓰인다.

프레임

디스크 암

원판 써레

원판

곡물조파기

곡물조파기는 이랑에 특정한 깊이로
씨앗을 골고루 뿌리는 데 이용된다.
씨앗을 아래로 내려보내는
호퍼는 일렬로 늘어선 파종관에
연결되어 있다. 정해진 양만큼
호퍼에서 내려온 씨앗은
이들 관을 통해 아래로 떨어진다.
파종관은 씨앗이 떨어지기 전에
흙을 수직으로 절단하는
코울터라 불리는 날카로운 날 뒤에
자리 잡고 있다.

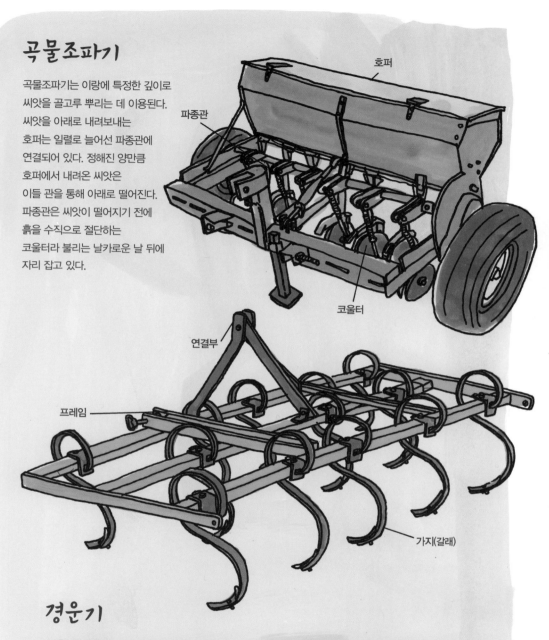

호퍼

파종관

코울터

연결부

프레임

가지(갈래)

경운기

경운기는 작물을 심기 전후에 모두 이용된다. 밭농사용 경운기는 파종하기 전에 흙을 뒤집어 공기가
잘 통하게 한다. 제초 작업용 경운기는 작물과 작물 사이의 잡초를 제거하는 데 이용된다.
제초가 필요한 작물의 유형에 따라 다양한 형태의 날과 장비를 갖춘 다양한 경운기가 동원된다.

건초 수확과 보관

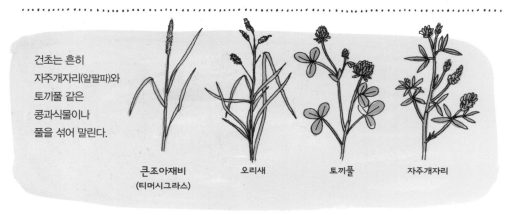

건초는 흔히
자주개자리(알팔파)와
토끼풀 같은
콩과식물이나
풀을 섞어 말린다.

큰조아재비
(티머시그라스)

오리새

토끼풀

자주개자리

잔디 깎는 기계

예취부(절단부)

건초를 만드는 첫 번째 단계는 풀을 베어 말리는
일이다. 그런 다음 말린 건초를 갈퀴로 긁어모아
길게 줄지어 널어놓는다.

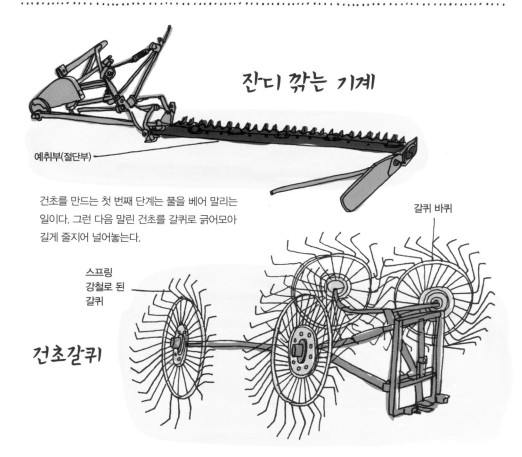

갈퀴 바퀴

스프링
강철로 된
갈퀴

건초갈퀴

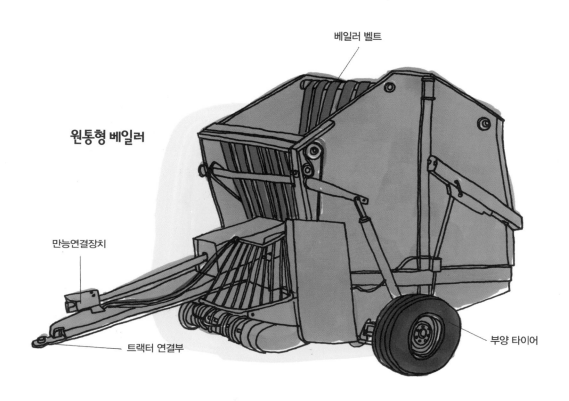

원통형 베일러

베일러 벨트

만능연결장치

트랙터 연결부

부양 타이어

건초 베일러
(건초 곤포기)

말려서 묶은 상태의 건초를 베일이라고 한다.
베일러는 이동, 보관, 보급이 용이하도록 건초를 모아 사각형이나
원형으로 압축시킨 다음 끈이나 그물망으로 묶는 기계다.

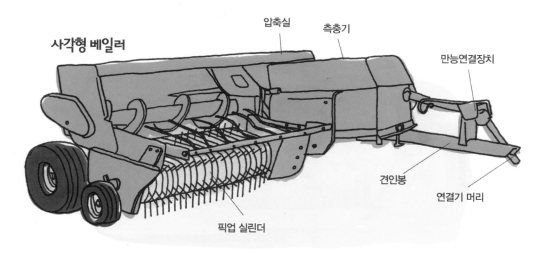

사각형 베일러

압축실

측충기

만능연결장치

픽업 실린더

견인봉

연결기 머리

사각형 베일

사각형 베일 중에 작은 것은
무게가 20~35kg이지만
큰 것은 350~900kg에
이르기도 한다. 사각형 베일은
습기에 취약하므로 덮개를 씌워
보관할 필요가 있다. 이런 형태의
베일은 쌓아두기가 쉽고
가볍기 때문에 가축 사료나
깔짚으로 쓰인다.

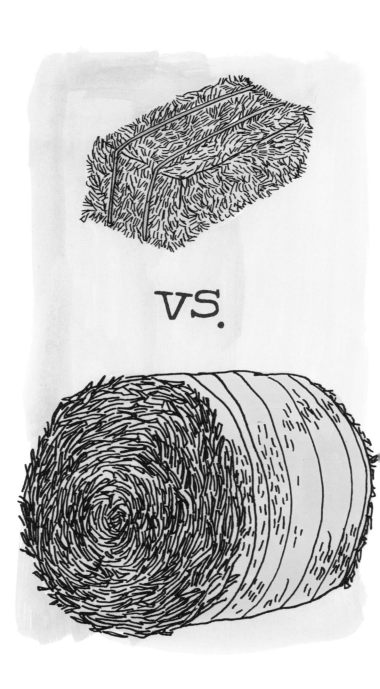

VS.

원통형 베일

원통형 베일은 무게가 1톤을
넘기도 한다. 이 베일은 바깥에서
보관할 수 있도록 비닐로
싸두는 경우가 많다.
원통형 베일은 개봉이 되고 나면
금방 썩기 때문에 가급적 빨리
사료로 써야 한다. 이런 이유로
축축한 건초를 싫어하는
말보다는 소 사료로 적합하다.

건초 포크

트랙터의 앞부분에 부착된
건초 포크는 베일을 옮기거나
쌓는 일을 한다.

건초 승강기

건초 승강기는 작은 사각형
베일을 높이 쌓거나 건초 저장고로
실어 나르는 데 이용된다.

콤바인과 농기계들

콤바인(combine)은 작물을 수확하는 데 필요한 여러 작업을 하나로 결합했기 때문에 붙여진 이름이다. 콤바인은 밀, 귀리, 보리, 호밀 뿐만 아니라 옥수수, 콩 같은 작물까지 모두 베고 거두고 탈곡하고 까부르는 일을 한다. 이 모든 과정을 마치고 나면 콤바인은 옆에서 나란히 움직이는 트랙터 카트에 곡물을 쏟아 붓는다.

콤바인 해부

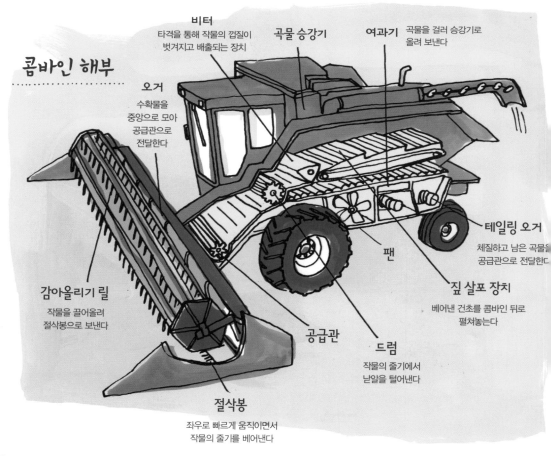

비터
타격을 통해 작물의 껍질이 벗겨지고 배출되는 장치

곡물 승강기

여과기
곡물을 걸러 승강기로 올려 보낸다

오거
수확물을 중앙으로 모아 공급관으로 전달한다

테일링 오거
체질하고 남은 곡물을 공급관으로 전달한다

감아올리기 릴
작물을 끌어올려 절삭봉으로 보낸다

팬

짚 살포 장치
베어낸 건초를 콤바인 뒤로 펼쳐놓는다

공급관

드럼
작물의 줄기에서 낟알을 털어낸다

절삭봉
좌우로 빠르게 움직이면서 작물의 줄기를 베어낸다

옥수수 수확기

옥수수 수확기는 트랙터 전방에 부착할 수도 있지만 후방에 부착해 끌고 다닐 수도 있다.
수확기가 옥수수밭의 이랑을 지나가면 옥수숫대에서 이삭이 떨어져 나온다.

옥수숫대의 구조를
알고 싶으면
p.87을
참조할 것

중력 왜건

이 수레는 중력을 이용해 곡식의 낟알이나 비료가 아래로 쉽게
빠져나올 수 있도록 옆면이 기울어져 있다.

분쇄기 트랙터로 가동되는 이동 가능한 분쇄기 덕분에 농부들은 방앗간에
가지 않고도 저장해둔 곡식을 즉석에서 가공해 먹을 수 있다.

퇴비 살포기

퇴비 살포기는 가축의 분뇨에서 얻은 두엄을
밭에 뿌리는 일을 한다.

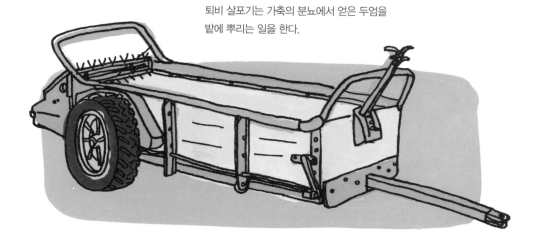

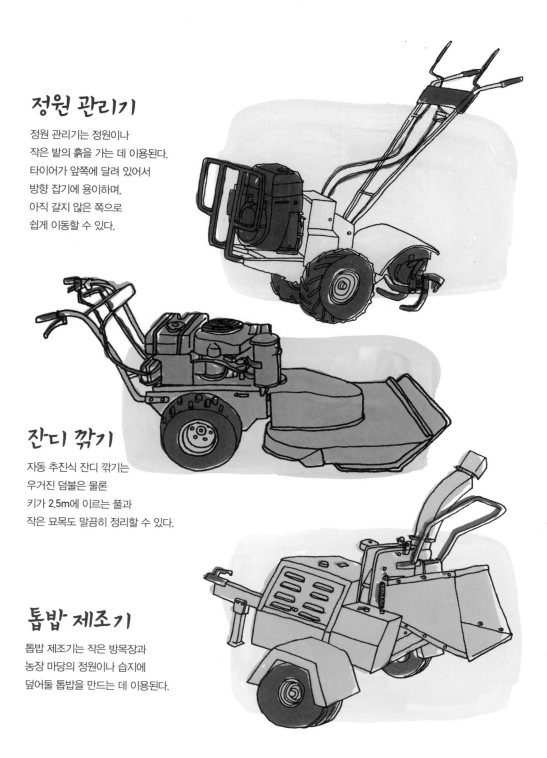

정원 관리기

정원 관리기는 정원이나
작은 밭의 흙을 가는 데 이용된다.
타이어가 앞쪽에 달려 있어서
방향 잡기에 용이하며,
아직 갈지 않은 쪽으로
쉽게 이동할 수 있다.

잔디 깎기

자동 추진식 잔디 깎기는
우거진 덤불은 물론
키가 2.5m에 이르는 풀과
작은 묘목도 말끔히 정리할 수 있다.

톱밥 제조기

톱밥 제조기는 작은 방목장과
농장 마당의 정원이나 습지에
덮어둘 톱밥을 만드는 데 이용된다.

체인 톱

재목이나 땔감용 나무를 자르려면 체인 톱이 필요하다.

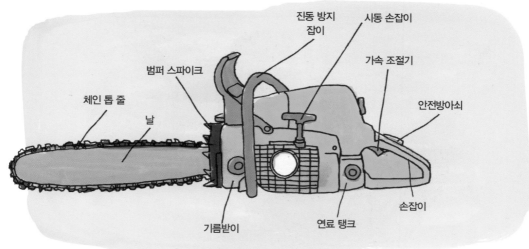

범퍼 스파이크

진동 방지 잡이

시동 손잡이

가속 조절기

체인 톱 줄

날

안전방아쇠

손잡이

기름받이

연료 탱크

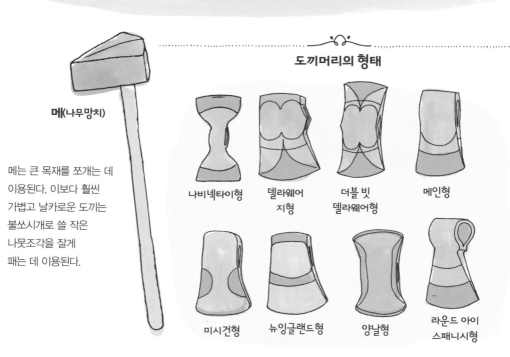

메(나무망치)

메는 큰 목재를 쪼개는 데 이용된다. 이보다 훨씬 가볍고 날카로운 도끼는 불쏘시개로 쓸 작은 나뭇조각을 잘게 패는 데 이용된다.

도끼머리의 형태

나비넥타이형

델라웨어 지형

더블 빗 델라웨어형

메인형

미시건형

뉴잉글랜드형

양날형

라운드 아이 스패니시형

벌목과 장작

벌목은 나무를 베어 넘어뜨리는 과정이다. 기본적인 벌목 순서는 다음과 같다.

도끼 자국을 낸다

첫 번째 절단면

두 번째 절단면

첫 번째 절단면과 두 번째 절단면 사이의 나무를 제거한다

나무를 벤다

세 번째 절단면

나무를 넘어뜨린다

토막치기(조재)

나무가 쓰러지면 가지를 쳐내고 난로 크기에 맞춰 자르는 과정을 토막치기라 한다.

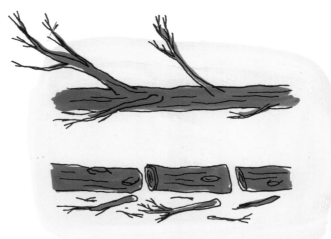

쪼개기

토막치기를 마친 나무 조각은 관리하기 쉽도록 더 작게 쪼갠다. 필링(peeling)이라고도 불리는 이 작업은 나무의 바깥쪽에서 사방으로 돌아가면서 이루어진다. 가운데 남겨진 부분은 반으로 쪼갠다.

필링

장작 쌓기

장작더미를 쌓기 전에 나무를
습기로부터 보호하기 위해
긴 나무를 받침목으로
바닥에 깐다. 그런 다음 방향을
바꿔가면서 나무를 엇갈리게
쌓아나간다. 이런 방식은
양끝에서부터 줄줄이 쌓아 올린
나무들을 튼튼하게 받쳐준다.

엇갈려 쌓기

받침목

1.2

1.2

2.4

코드(cord)

장작은 코드라는 단위로 측정된다. 1코드는 가로, 세로, 높이가 각각 2.4m, 1.2m,
1.2m에 이르는 3.5m³의 장작더미를 가리킨다.

나무 식별하기

물푸레나무

너도밤나무

아까시나무

미송

히코리

적삼목

로브롤리

북부 적참나무

흰자작나무

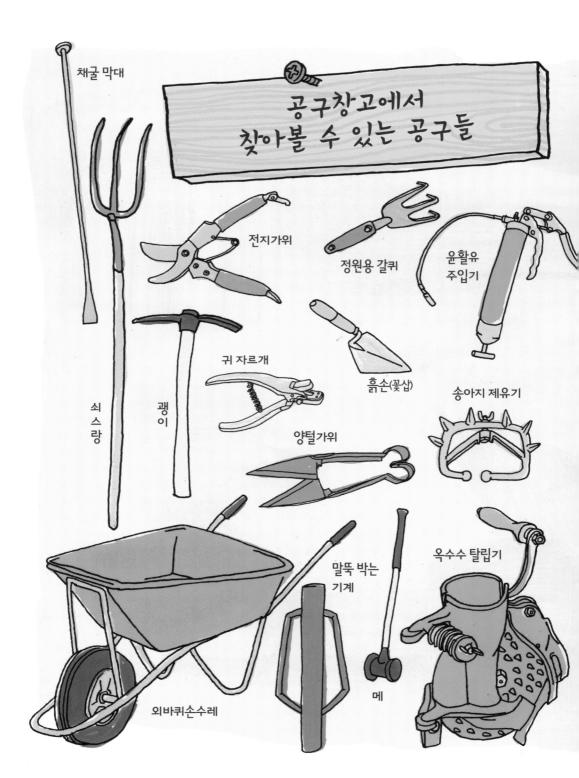

채굴 막대

공구창고에서
찾아볼 수 있는 공구들

전지가위

정원용 갈퀴

윤활유
주입기

귀 자르개

흙손(꽃삽)

송아지 제유기

쇠
스
랑

괭
이

양털가위

말뚝 박는
기계

옥수수 탈립기

외바퀴손수레

메

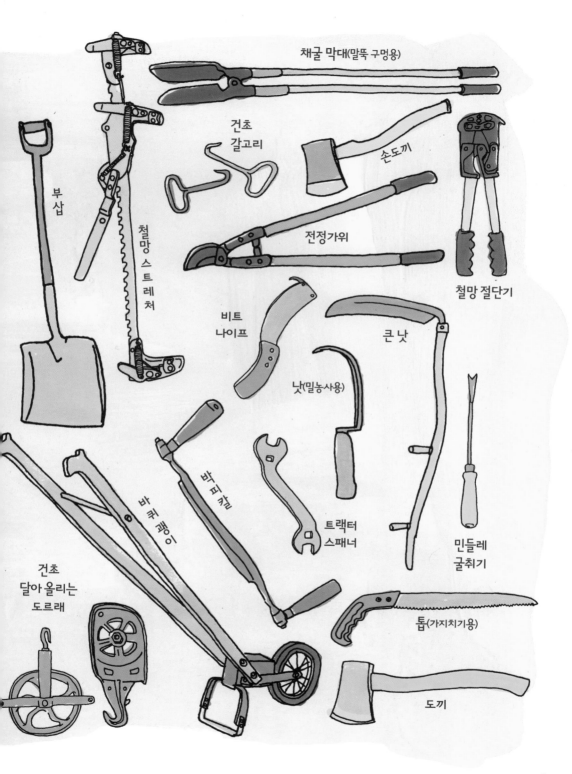

채굴 막대(말뚝 구멍용)

건초
갈고리

손도끼

부삽

철망스트레처

전정가위

철망 절단기

비트
나이프

큰 낫

낫(밀농사용)

박피칼

바퀴괭이

트랙터
스패너

민들레
굴취기

건초
달아 올리는
도르래

톱(가지치기용)

도끼

69

CHAPTER 4

논밭의 각종 작물들

미국에서 마지막 늦서리가 내리는 지역별 날짜(봄)*

대부분의 작물은 봄이 거의 다 지나서 심어야 안전하다

	6. 1 ~ 7. 31		3. 1 ~ 3. 31
	5. 1 ~ 5. 31		2. 1 ~ 2. 28
	4. 1 ~ 4. 30		1. 1 ~ 1. 31

---

* 우리나라에서도 늦서리로 인한 냉해 피해를 막기 위해 절기상 여름이 시작되는 입하(立夏) 무렵에 고추,
오이, 호박 같은 열매채소 모종을 심는 것이 좋다.

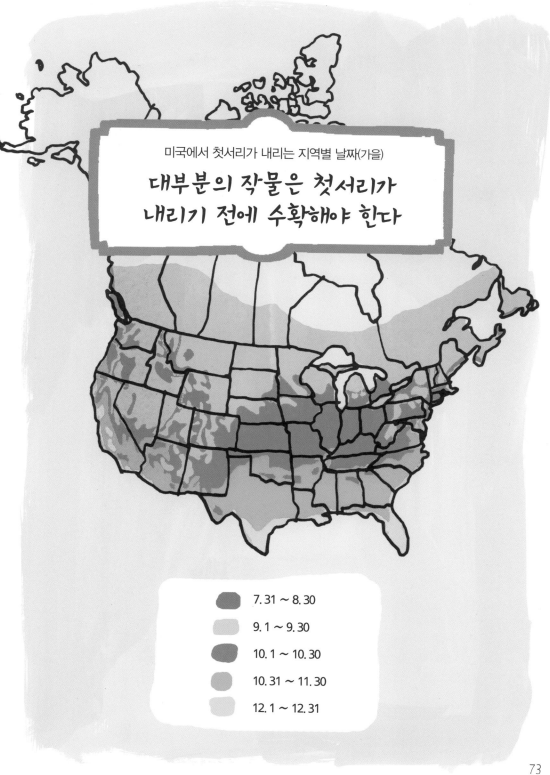

미국에서 첫서리가 내리는 지역별 날짜(가을)

대부분의 작물은 첫서리가
내리기 전에 수확해야 한다

7. 31 ~ 8. 30

9. 1 ~ 9. 30

10. 1 ~ 10. 30

10. 31 ~ 11. 30

12. 1 ~ 12. 31

명아줏과

비트

- 텃밭에서 키우는 비트는 두해살이 식물이다.
  비트는 모래가 약간 많은 사양토와 서늘한
  기후 조건에서 잘 자란다.
- 잎과 뿌리 모두 식용 가능하다.
- 원뿌리가 가늘수록 연하다.
- 먹기 좋은 뿌리의 길이는 3~5cm 내외다.
- 비트의 한 종류인 사탕무는 여기에 함유된
  설탕 성분 때문에 재배된다.
  3.5kg의 사탕무에서 약 0.5kg의 설탕(사탕수수에서
  얻은 설탕과 화학구조가 같다)을 얻을 수 있다.

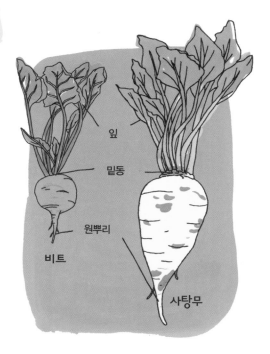

잎
밑동
원뿌리
비트
사탕무

시금치

- 시금치에는 사보이, 세미 사보이, 플랫리프 등의
  다양한 품종이 있다.
- 사보이는 주름이 많고 잎이 말려 있으며 짙은 초록색을 띤다.
- 세미 사보이는 사보이보다 잎이 덜 말려 있어서 씻기가 쉽다.
- 플랫리프는 잎이 매끄럽고 반듯하다. 이 시금치는 수프,
  이유식, 통조림, 냉동용으로 이용된다. 맛은 사보이보다
  약간 부드럽다.
- 항산화제가 풍부하고 철분도 많다.
- 추위에 강해 월동이 가능하다.
- 생장속도가 빨라 40~45일 만에 수확이 가능하다.

사보이

플랫리프

러시아와 폴란드에서 즐겨먹는 수프,
보르쉬 만들기

· ·

단짝 친구인 제니네 가족이 즐겨먹는 요리의 레시피를 소개하고자 한다.
집안 대대로 전해 내려온 이 집의 보르쉬 맛은 더 이상 말이 필요 없다!

재료 : 닭고기육수나 야채육수 8컵,
중간 크기의 감자 3개,
중간 크기의 비트 3~4개,
작은 당근 2개 또는 큰 당근 1개,
작은 양배추 1/5쪽,
깍둑썰기한 토마토 1컵,
양파 1개,
마늘 3~4쪽,
파슬리 한 다발,
월계수 잎 3장,
소금, 후추,
레몬즙 1테이블스푼,
사워크림

요리법

양파와 마늘을 잘게 썬다. 비트와 당근의 껍질을 벗겨 강판
에 간다. 감자도 껍질을 벗기고 깍둑썰기 한다. 마지막으로
양배추를 잘게 썬다.

프라이팬에 양파를 볶고 나서(5분) 마늘을 볶는다(1분). 그런
다음 비트, 당근, 깍둑썰기 한 토마토를 넣고 다시 15~20
분간 중불로 볶는다.

수프와 월계수 잎을 큰 냄비에 붓고 끓인다.

감자를 추가로 넣고 다시 끓기 시작하면 양배추를 집어넣
는다. 5분간 끓이다가 볶은 야채를 넣고 불을 줄여 5~10
분간 뭉근히 끓인다. 마지막으로 잘게 썬 파슬리와 레몬즙,
소금, 후추를 넣고 맛을 본 뒤에 1~2분 정도 더 끓인다.

사워크림*을 곁들여 낸다.

———————————
* 생크림을 발효시켜 새콤한 맛이 나는 크림

아티초크

- 아티초크는 꽃을 피우기 전에 미리 수확하는 꽃눈을 가리킨다.
- 추위에 약하다.
- 아티초크에는 섬유질과 엽산이 풍부하다.

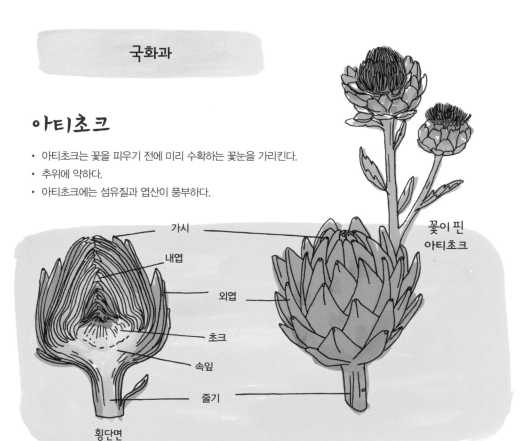

가시
내엽
외엽
초크
속잎
줄기
횡단면
꽃이 핀
아티초크

상추

- 상추는 지면에 퍼진 잎 모양이
  장미꽃처럼 생긴 로제트(rosette)형
  식물이지만 나중에 줄기가 길어져 꽃을 피운다.
  이를 추대(꽃종서기)라 부른다.
- 추대가 시작되면 잎이 상당히 쓴맛을 내기
  때문에 꽃대가 올라오기 전에 수확해야 한다.

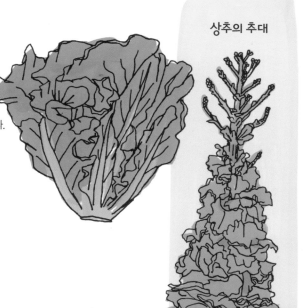

상추의 추대

십자화과

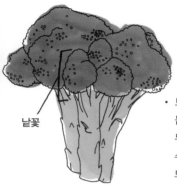

낱꽃

브로콜리

- 브로콜리는 꽃대 끝에 꽃이 붙어 머리 모양을 하고 있는 두상화로 이루어져 있다. 수확하지 않은 브로콜리에서는 이들 두상화에서 꽃이 피게 된다.

확대한 모습

꽃이 핀 브로콜리

방울다다기양배추

- 보통 양배추와 달리 줄기가 길게 자라고 그곳에 붙어 자란다. 미니 양배추라고 불리기도 한다.
- 색이 노랗게 갈변하기 전에 직경이 2.5~5cm에 이르렀을 때 수확한다.

양배추

- 텃밭에서 키우기 쉬운 작물이다.
- 양배추는 무더워지기 시작하면 갈라진 틈에서 꽃대가 올라온다.

방울다다기 양배추

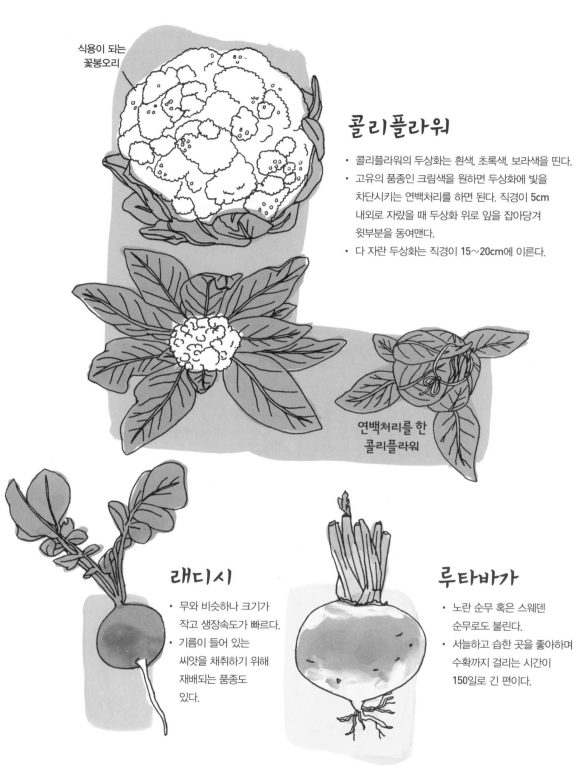

식용이 되는
꽃봉오리

콜리플라워

- 콜리플라워의 두상화는 흰색, 초록색, 보라색을 띤다.
- 고유의 품종인 크림색을 원하면 두상화에 빛을
  차단시키는 연백처리를 하면 된다. 직경이 5cm
  내외로 자랐을 때 두상화 위로 잎을 잡아당겨
  윗부분을 동여맨다.
- 다 자란 두상화는 직경이 15~20cm에 이른다.

연백처리를 한
콜리플라워

래디시

- 무와 비슷하나 크기가
  작고 생장속도가 빠르다.
- 기름이 들어 있는
  씨앗을 채취하기 위해
  재배되는 품종도
  있다.

루타바가

- 노란 순무 혹은 스웨덴
  순무로도 불린다.
- 서늘하고 습한 곳을 좋아하며
  수확까지 걸리는 시간이
  150일로 긴 편이다.

박과

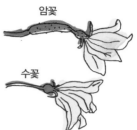

암꽃

수꽃

오이

- 오이는 덩굴이 지지대를 타고 위로 뻗는다.
- 오이 품종 중에는 자가수분* 하는 것도 있다.

냉동 딜** 샐러드 만들기

재료 얇게 썬 오이 6개,   화이트 식초 1컵,
        얇게 썬 큰 양파 1개,   다진 마늘 2쪽,
        피클링 소금 2테이블스푼, 딜 씨 1테이블스푼,
        설탕 1컵,   붉은 피망가루 1/2티스푼

요리법

1. 큰 그릇에 오이와 양파를 넣고 섞는다. 야채에 소금 2테이블스푼을 뿌려두고 2시간
   동안 절인다. 흐르는 물에 헹군 다음 물기를 충분히 뺀다.

2. 큰 유리그릇에 설탕, 식초, 마늘, 딜 씨앗, 붉은 피망가루를 넣고 설탕이 잘 녹도록 잘
   버무려준다. 여기에 물기가 빠진 오이와 양파를 넣고 잘 섞어준다.

3. 냉동용 팩이나 용기에 넣어 냉동시킨다. 먹기 8시간 전부터 냉장실에서 해동시킨다.

---

* 암꽃술이 같은 꽃 안에 있는 수꽃술의 꽃가루를 받아 씨나 열매를 맺는 현상
** 유럽에서 향신료로 많이 이용되는 미나리과의 한해살이풀

호박

호박 종은 여름 호박(덜 익은 상태로 수확)과 겨울 호박(완숙한 상태로 수확)으로 나뉜다.

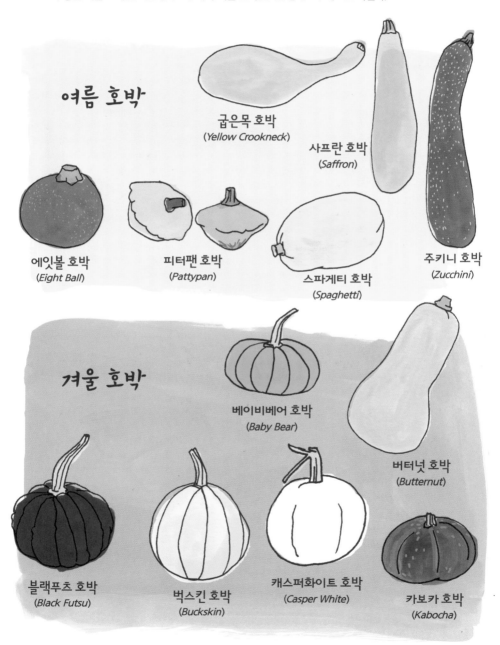

여름 호박

굽은목 호박
(Yellow Crookneck)

사프란 호박
(Saffron)

에잇볼 호박
(Eight Ball)

피터팬 호박
(Pattypan)

스파게티 호박
(Spaghetti)

주키니 호박
(Zucchini)

겨울 호박

베이비베어 호박
(Baby Bear)

버터넛 호박
(Butternut)

블랙푸츠 호박
(Black Futsu)

벅스킨 호박
(Buckskin)

캐스퍼화이트 호박
(Casper White)

카보카 호박
(Kabocha)

신데렐라 호박
(*Cinderella*)

델리카타 호박
(*Delicata*)

농부 마크의
밝은 오렌지 호박
(*Farmer Mark's Light Orange*)

갈뢰 데이진 호박
(*Galeux d'Eysines*)

그린허버드 호박
(*Green Hubbard*)

골든아콘 호박
(*Golden Acorn*)

이탈리안스트라이프
호박
(*Italian Stripe*)

잭비리틀 호박
(*Jack Be Little*)

오렌지허버드 호박
(*Orange Hubbard*)

오랑제티 호박
(*Orangetti*)

레드쿠리 호박
(*Red Kuri*)

테이블퀸아콘 호박
(*Table Queen Acorn*)

스완화이트아콘
호박
(*Swan White Acorn*)

스위트덤플링 호박
(*Sweet Dumpling*)

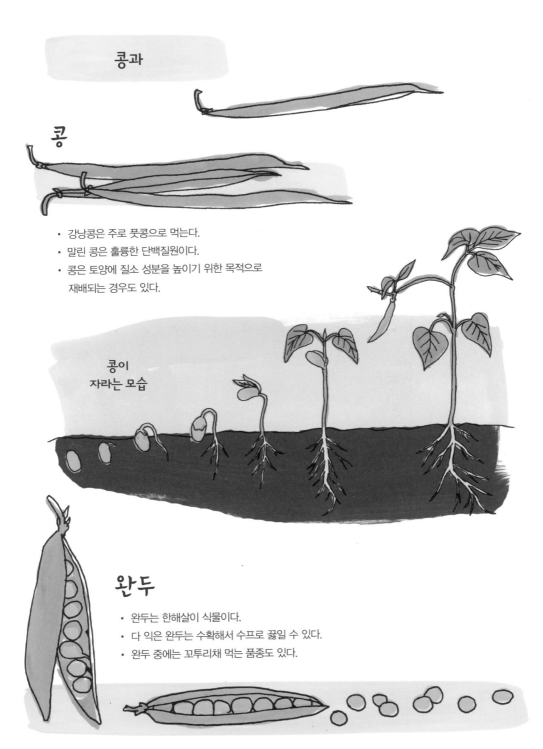

콩과

콩

- 강낭콩은 주로 풋콩으로 먹는다.
- 말린 콩은 훌륭한 단백질원이다.
- 콩은 토양에 질소 성분을 높이기 위한 목적으로
  재배되는 경우도 있다.

콩이
자라는 모습

완두

- 완두는 한해살이 식물이다.
- 다 익은 완두는 수확해서 수프로 끓일 수 있다.
- 완두 중에는 꼬투리채 먹는 품종도 있다.

콩 덩굴을
이용한
티피 텐트만들기

1. 마당에서 볕이 잘 드는 곳을 찾아서
   직경이 1m 조금 넘는 정도의 원형으로 땅을 판다.

2. 원형으로 파둔 땅 둘레에 적어도 15cm 깊이로 8개의 장대를 박아두되
   안으로 들어갈 입구 쪽 공간은 남겨둔다.

3. 끈을 이용해 장대 윗부분을 단단히 한데로 동여맨다.

4. 원형으로 설치한 장대 안쪽에 약 5cm 깊이로 땅을 파고 장대마다
   덩굴제비콩이나 강낭콩을 심는다.

5. 파종 후에 물을 흠뻑 준다. 1~2주가 지나면 싹이 틀 것이다. 콩이 10cm 넘게 자라면
   콩 줄기로 장대 둘레를 엮어준다. 7~8주 정도 지나면 콩 줄기가 장대 꼭대기까지
   타고 오를 것이다.

다양한 종류의 콩들

꼬투리가 완전히 익고 충분히 마르면 건조된 콩을 수확할 수 있다.
콩 꼬투리를 타작할 때 떨어져 나온 콩을 주워 모아
밀폐된 병에 보관해도 된다.

앤드류켄트
(*Andrew Kent*)

블랙코코
(*Black Coco*)

칼립소
(*Calypso*)

에트나
(*Etna*)

야곱캐틀
(*Jacop's Cattle*)

메인옐로우아이
(*Maine Yellow Eye*)

까치콩
(*Magpie*)

모라세스페이스
(*Molasses Face*)

솔저
(*Soldier*)

버몬트크랜베리
(*Vermont*)

양파

- 낮이 길어지면 양파의 결구*가 이루어진다.
  일부 품종은 알뿌리를 형성하기 위해
  긴 일조 시간을 필요로 한다.

리크

- 양파와 비슷하지만
  알뿌리보다는 줄기가
  발달한다.

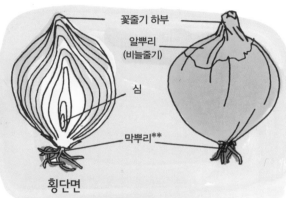

꽃줄기 하부

알뿌리
(비늘줄기)

심

막뿌리**

횡단면

아스파라거스

아스파라거스

- 텃밭에 움을 파고 수염뿌리(관근)를
  심어두면 잘 자란다. 줄기가 자라면서
  움은 수염뿌리로 채워지게 된다.

아스파라거스

줄기

수염뿌리

움

수염뿌리

뿌리

---

*   비늘줄기가 비대해져 구를 형성하는 현상
** 뿌리 이외의 부분(줄기)에서 2차적으로 발생하는 뿌리

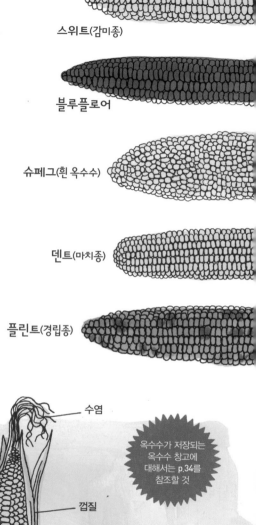

스위트(감미종)

블루플로어

슈페그(흰 옥수수)

덴트(마치종)

플린트(경립종)

벗과

옥수수

- 옥수숫대마다 4개 정도의 옥수수가 열린다.
- 꽃가루받이가 쉽도록 한 구역에 파종한다.
- 질소 거름이 많이 필요한 작물이다.

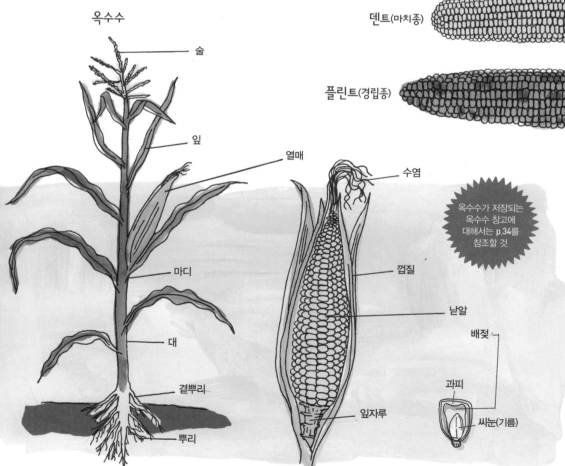

옥수수

술

잎

열매

수염

옥수수가 저장되는
옥수수 창고에
대해서는 p.34를
참조할 것

마디

대

곁뿌리

뿌리

껍질

낟알

배젖

잎자루

과피

씨눈(기름)

87

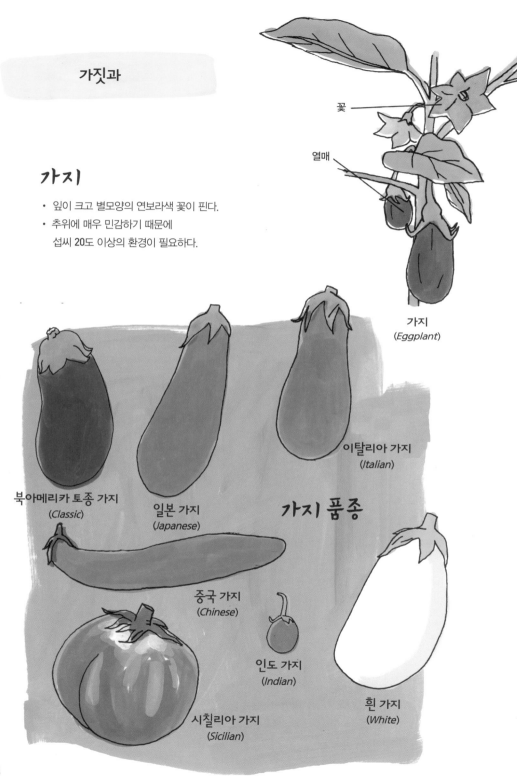

가짓과

가지

- 잎이 크고 별모양의 연보라색 꽃이 핀다.
- 추위에 매우 민감하기 때문에
  섭씨 20도 이상의 환경이 필요하다.

꽃

열매

가지
(*Eggplant*)

북아메리카 토종 가지
(*Classic*)

일본 가지
(*Japanese*)

가지 품종

이탈리아 가지
(*Italian*)

중국 가지
(*Chinese*)

인도 가지
(*Indian*)

흰 가지
(*White*)

시칠리아 가지
(*Sicilian*)

고추/피망

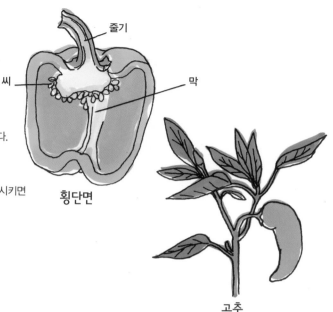

- 수확할 때 고추나 피망을 손상시키지 않으려면 열매를 잡아당기지 말고 잘라낸다.
- 즙이 손가락에 닿으면 쓰라리기 때문에 고추를 만질 때는 조심한다.
- 풋피망과 풋고추를 따지 않고 충분히 완숙시키면 홍피망과 홍고추가 된다.

줄기

씨

막

횡단면

고추

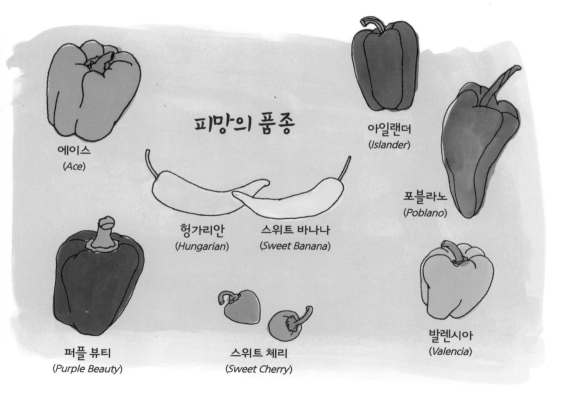

피망의 품종

에이스
(Ace)

아일랜더
(Islander)

포블라노
(Poblano)

헝가리안
(Hungarian)

스위트 바나나
(Sweet Banana)

퍼플 뷰티
(Purple Beauty)

스위트 체리
(Sweet Cherry)

발렌시아
(Valencia)

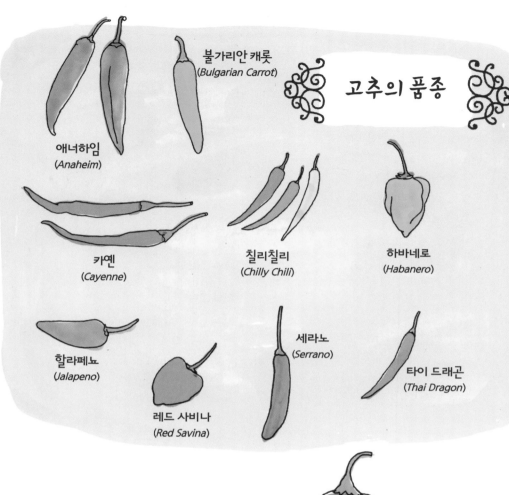

불가리안 캐롯
(Bulgarian Carrot)

고추의 품종

애너하임
(Anaheim)

카옌
(Cayenne)

칠리칠리
(Chilly Chili)

하바네로
(Habanero)

할라페뇨
(Jalapeno)

세라노
(Serrano)

레드 사비나
(Red Savina)

타이 드래곤
(Thai Dragon)

고추의 매운 정도는
스코빌 지수(Scoville unit)로 나타낸다.
스코빌 지수가 높을수록 고추가 맵고
함유된 캡사이신의 양도 많다.
캡사이신은 고추를 맵게 만드는 화합물이다.

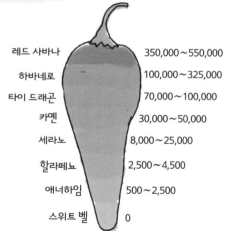

레드 사바나	350,000~550,000
하바네로	100,000~325,000
타이 드래곤	70,000~100,000
카옌	30,000~50,000
세라노	8,000~25,000
할라페뇨	2,500~4,500
애너하임	500~2,500
스위트 벨	0

감자

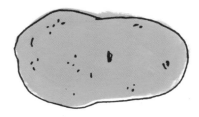

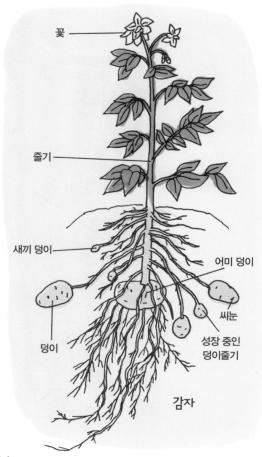

꽃

줄기

새끼 덩이

어미 덩이

씨눈

덩이

성장 중인
덩이줄기

감자

- 감자는 통째로 심을 수도 있고
  씨눈이 있는 상태로 잘라서 심을 수도 있다.
- 감자는 땅속에서 덩이줄기를 만들고
  땅위에서 꽃을 피운다.
- 꽃이 피고 나서 한 달쯤 뒤에 감자를 수확한다.

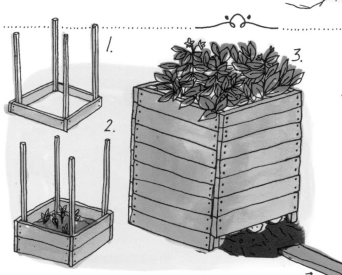

1.

2.

3.

감자 타워

자투리 공간을 활용해 감자를
재배하려면 감자 타워를 만들면 된다.
감자 타워의 옆면과 흙, 짚은 감자의
성장에 맞춰 조절한다. 수확할 때는
아래쪽의 판지를 떼어내 안쪽으로
손을 뻗기만 하면 된다.

토마토

- 토마토는 유한생장군과 무한생장군의 두 그룹으로 나뉜다.
- 단기재배성 품종인 유한생장군에 속한 토마토는 열매 익는 시기가 모두 같다. 지주대를 설치하거나 전지할 필요가 없다. 끝눈이 열매를 맺을 때 성장이 멈추는 부쉬(bush) 토마토*는 유한생장군에 속한다.
- 덩굴 토마토는 무한생장군에 속한다. 이들 토마토는 서리가 내려 죽을 때까지 성장을 계속한다. 그렇기 때문에 케이지나 지주대 같은 보강물이 필요하다.

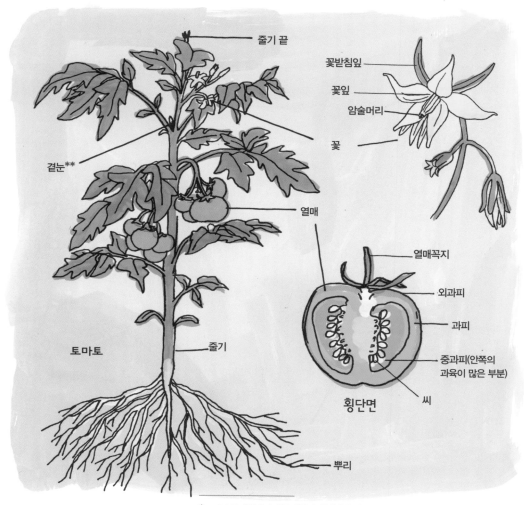

줄기 끝

꽃받침잎
꽃잎
암술머리
꽃

곁눈**

열매

열매꼭지
외과피
과피
중과피(안쪽의
과육이 많은 부분)
씨
횡단면

토마토
줄기

뿌리

---

*   오스트레일리아 원주민들이 재배하던 것으로,
    '사막의 건포도'라 불리는 그들의 주요한 식량이었다.
** '흡지'라고도 불리는 곁눈을 제거해야 양분 손실을 줄여 토마토의 품질을 높일 수 있다.

토마토 재배법

지주대 이용

토마토 모종을 심기 전에
지주대를 세운다.
토마토를 지주대에
느슨하게 묶어준다.

거꾸로 매달기

화분을 뒤집어놓고
바닥의 구멍으로 모종
뿌리를 살살 집어넣는다.
화분을 바로 세워 흙을
채운다. 햇볕이 잘 드는
베란다에 매달아둔다.

삼각지주대 이용

그림과 같은 구조물을 만들어 위쪽과 아래쪽의 버팀대
사이로 굵은 끈을 매둔다. 30cm 간격으로 모종을
심는다. 토마토가 자라면 줄기로 끈을 휘감아준다.
줄기마다 다양한 끈을 활용할 수 있다.

케이지 이용

모종을 에워싸도록
케이지를 세워둔다.
이 경우 묶거나 전지할
필요가 없다. 케이지 둘레에
비닐을 둘러 모종이 냉해를
입지 않도록 한다.

아미쉬 페이스트
(Amish Paste)

다양한
토마토 품종

빅 비프
(Big Beef)

코스모나우트
볼코브
(Cosmonaut Volkov)

브랜디와인
(Brandywine)

셀러브리티
(Celebrity)

헬스 킥
(Health Kick)

독일
(German)

매트네
와일드 체리
(Matt's Wild Cherry)

텀블링 톰
(Tumbling Tom)

이탈리아의 보물
(Italian Heirloom)

제트 스타
(Jet Star)

폴란드 링귀사
(Polish Linguisa)

썬 골드
(Sungold)

타이거엘라
(Tigerella)

로즈
(Rose)

건강하고 오래 보관할 수 있는
토마토 통조림 만들기

1

토마토를 끓는 물에 30초 동안
넣었다 뺀다.

2

껍질을 벗긴 다음 토마토를
적당한 크기로 자른다.

3 살균소독한 병에 토마토를
꾹꾹 눌러 담는다.
고무주걱을 이용해 토마토를
밀어 넣으면서 기포를
제거한다. 병의 윗부분은
1cm가량 남겨둔다.

4 선택 사항 :
토마토 1리터마다
레몬즙 2테이블스푼을
추가한다.

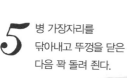

5 병 가장자리를
닦아내고 뚜껑을 닫은
다음 꽉 돌려 쥔다.

6

2.5~5cm의 깊이로 물을 채운 찜통에
통조림 병을 넣고 뚜껑을 닫는다.
물이 끓어오르면 **85분**가량 더 끓인다.

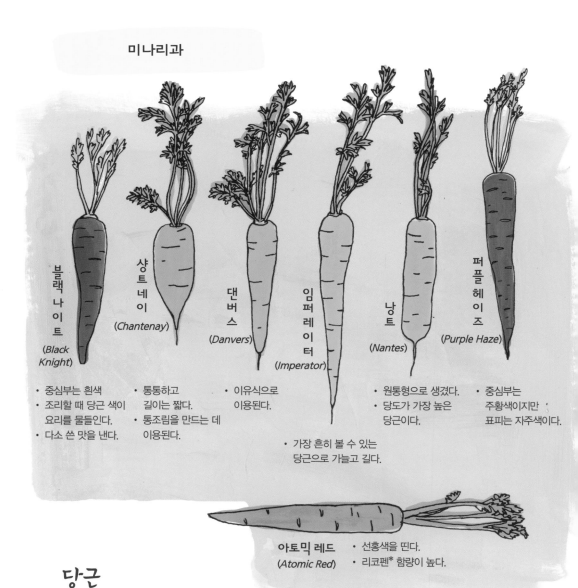

미나리과

블랙나이트
(Black Knight)

샹트네이
(Chantenay)

댄버스
(Danvers)

임퍼레이터
(Imperator)

낭트
(Nantes)

퍼플헤이즈
(Purple Haze)

• 중심부는 흰색
• 조리할 때 당근 색이 요리를 물들인다.
• 다소 쓴 맛을 낸다.

• 통통하고 길이는 짧다.
• 통조림을 만드는 데 이용된다.

• 이유식으로 이용된다.

• 원통형으로 생겼다.
• 당도가 가장 높은 당근이다.

• 중심부는 주황색이지만 표피는 자주색이다.

• 가장 흔히 볼 수 있는 당근으로 가늘고 길다.

아토믹 레드
(Atomic Red)

• 선홍색을 띤다.
• 리코펜* 함량이 높다.

당근

• 당근은 베타카로틴 성분 때문에 밝은 주황색을 띤다.
• 당근을 과다 섭취하면 피부가 노란색으로 변할 수 있다.
  카로틴혈증으로 알려진 이 증상은 어린이와 채식주의자들에게서 종종 나타난다.

---

* 잘 익은 토마토 등에 들어 있는 색소로 항암작용을 한다고 알려져 있다.

당근 케이크 만들기

. . . .

재료   체 친 무표백 중력분 밀가루 2컵,
베이킹파우더 2티스푼,
베이킹소다 1티스푼에 1/2티스푼 더,
시나몬 가루 1티스푼에 1/2티스푼 더,
소금 1티스푼,
올스파이스 가루 1/4티스푼,
강판에 간 육두구 1/4티스푼,
식물성 기름 1컵,

백설탕 1컵,
곱게 빻은 황갈색 설탕 3/4컵,
달걀 큰 것 4개,
잘게 썰어 다진 당근 3컵,
물기를 빼서 다진 파인애플 200g,
잘게 부숴 볶은 호두,
크림치즈 프로스팅,
장식용 볶은 코코넛(선택 사항)

요리법

1. 오븐을 180도로 예열한다. 팬에 기름을 빈틈없이 두르고 20×30cm(가로×세로) 크기로 밀 가루를 뿌린다.

2. 밀가루, 베이킹파우더, 베이킹소다, 시나몬, 소금, 올스파이스, 육두구를 체로 쳐서 중간 크 기의 그릇에 담는다.

3. 식물성 기름, 백설탕, 황갈색 설탕을 큰 그릇에 넣고 한데 어우러질 때까지 섞는다. 달걀을 한 번에 한 개씩 넣고 잘 섞어준다. 여기에 2의 혼합물을 넣어주되 반죽이 고루 섞이도록 한다. 그런 다음 당근, 파인애플, 호두를 넣어 섞는다. 미리 준비해둔 팬에 반죽을 떠서 올 려둔다.

4. 케이크 중간에 테스터를 찔러 넣어 반죽이 묻어나오지 않을 때까지 35분 동안 굽는다.

5. 케이크를 선반에 올려두고 식힌다.

6. 완전히 식은 케이크에 크림치즈 프로스팅을 입힌다. 기호에 맞춰 볶은 코코넛을 뿌린다.

허브의 종류

바질

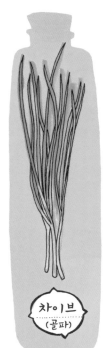

차이브
(골파)

고수

딜

마조람

박하

오레가노

로즈마리

파슬리

타라곤
(사철쑥)

세이지

백리향

허브 빵 만들기

· · · · · · · · · · · · · · · · · ·

재료
말린 로즈마리 4테이블스푼,
말린 세이지 4테이블스푼,
말린 차이브 4테이블스푼,
말린 이탈리안 파슬리 4테이블스푼

요리법

1. 준비한 허브를 고루 잘 섞는다. 밀폐된 용기에 넣어 직
   사광선이 닿지 않는 서늘한 곳에 보관한다.

2. 허브 빵을 만들려면 일반적인 빵 레시피에 허브 믹스
   3티스푼 정도를 추가한다. 소다 빵, 브레드 스터핑, 스
   콘, 비스킷, 치즈 트위스트, 포카치아에도 허브를 활용
   할 수 있다.

그 밖의 곡류

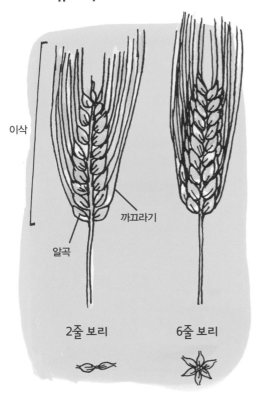

이삭

까끄라기

알곡

2줄 보리

6줄 보리

6줄 보리가 2줄 보리보다 알곡에 함유된
단백질이 많아 영양가가 높다.

보리

- 보리에는 대개 까칠까칠한 수염이 달려 있지만
  수염이 없는 보리도 있다.
- 추운 기후에서도 잘 자란다.
- 잡초 방제 효과를 보려면 한 구역에 일괄적으로 파종한다.
- 알곡이 마르고 황금색을 띠면 수확한다.

꽃이 핀 메밀

메밀

- 생장 속도가 빠르다.
- 알곡의 단백질 함량이 높다.
- 척박한 땅에서도 잘 자란다.
- 알곡의 75% 정도가 익었을 때 수확한다.

메밀 팬케이크
. . . .

재료
활성 드라이이스트 2티스푼,
끓여서 미지근하게 식힌 우유 2컵,
메밀가루 2컵,
소금 1/2티스푼,
당밀 2테이블스푼,
베이킹소다 1/2티스푼 녹인 것,
미지근한 물 1/4컵,
달걀 1개,
식물성기름 1/4컵

요리법

1. 믹싱 볼에 이스트와 우유를 넣고 이스트가 녹을 때까지 저어준다. 밀가루와 소금을 넣고 반죽이 고루 섞이도록 잘 저어준다. 젖은 면보를 덮어두고 상온에서 하룻밤 그대로 둔다.

2. 반죽을 굽기 전에 당밀, 베이킹소다, 달걀, 기름을 섞어준다. 프라이팬에 기름을 조금 두르고 반죽을 떠서 옮긴다. 반죽 주변에 거품이 생기기 시작할 때까지 2~3분 정도 굽는다. 팬케이크를 뒤집어 갈색이 될 때까지 굽는다.

조 / 기장

- 다른 곡식이 자라기 힘든 척박한 땅에서도 잘 자란다.
- 비둘기, 메추라기, 찌르레기 같은 새들이 좋아하는 곡식이다.

조
수확량은 많지만
알곡이 작다.

기장
유럽이나 미국에서는 껍질째
부숴 돼지사료로 이용하므로
호그 밀렛(hog millet)이라고도
불린다.

진주 조
대부분 식용으로
판매된다.

손가락 조
따뜻하고 촉촉한 땅에서
잘 자란다. 인도에서
흔히 찾아볼 수 있다.

도정하지 않은 귀리
알곡에 겉껍질이
붙어 있는 것

통귀리
겉껍질을 제거하고
알곡만 남은 것

스틸컷 오트밀
통귀리를 몇 조각으로
분쇄한 것

압귀리
알곡을 쪄서
납작하게 누른 것

귀리

- 토양에 거름기가 지나치면 웃자라 쓰러질 수도 있다.
- 알곡이 크림색을 띠면 수확한다.

오트밀 크리스프

. . . .

재료 쇼트닝 2컵, 소금 1티스푼,
곱게 빻은 갈색설탕 2컵, 압귀리 6컵,
백설탕 2컵, 중력분 밀가루 3컵,
달걀 4개, 다진 견과류 1컵,
바닐라 농축액 2티스푼, 초콜릿 조각 170g(1컵)(선택 사항)
베이킹소다 2티스푼,

요리법

1. 재료를 모두 한데 섞는다. 유산지 위에 도우(밀가루 반죽)를 몇 큰 술
   올려둔다. 하룻밤 이상 냉장 보관한다.

2. 오븐을 170~180도로 예열한다. 기름을 두르지 않은 빵틀에서 도우
   가장자리가 황갈색을 띠기 시작할 때까지 7분가량 굽는다. 도우는
   적당히 접어 냉장고에 보관해두었다가 필요할 때마다 꺼내 적당한
   크기로 잘라 구울 수 있다.

72개 정도의 분량이 된다.

호밀

- 호밀의 배젖에는 섬유질이 풍부하다.
- 곰팡이가 일으키는 맥각병(깜부깃병)에 걸리지 않도록 조심한다.
  맥각병은 사람과 가축 모두에게 질병을 일으키기 때문이다.

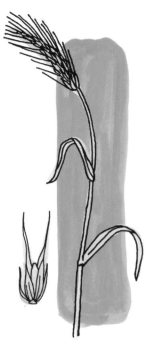

**맥각병에 걸린
호밀**

밀

- 햇볕이 잘 들고 물 빠짐이 좋은 땅에서 잘 자란다.
- 줄기가 초록색에서 점차 갈색, 노란색, 황금색으로 변해갈 때 수확한다.

밀알의 구조

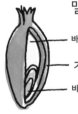

- **배젖** 탄수화물
- **겨** 여러 층으로 이루어진 외피. 다양한 영양소가 풍부
- **배젖** 배아라고도 불림. 비타민이 풍부

밀의 종류

듀럼 파스타 재료인 세몰리나 가루를 만드는 데 이용

하드레드스프링 제빵용 밀가루를 만드는 데 이용

하드레드윈터 중력분 밀가루를 만드는 데 이용. 페이스트리용 밀가루에 단백질을 보강해준다.

소프트레드윈터 케이크, 파이 크러스트, 비스킷, 머핀을 만드는 데 이용

하드화이트 제빵용, 양조용 밀가루를 만드는 데 이용

소프트화이트 페이스트리용 밀가루, 파이 크러스트를 만드는 데 이용

통밀 그래놀라 커피 케이크

재료
무표백 중력분 밀가루 1/2컵,
베이킹소다 1티스푼, 소금 1/2티스푼,
거칠게 간 통밀가루 1컵에 1/4컵 더,
달걀 1개, 버터밀크나 사워밀크 1컵,
녹인 무염버터 1/4컵,
메이플시럽 1/2컵

토핑용 재료
통밀가루 1/4컵,
곱게 빻은 갈색 설탕 1/4컵,
그래놀라*(집에서 만든 것이면 더 좋다) 3/4컵,
다진 피칸이나 호두 1/2컵,
계피가루 1티스푼,
녹인 무염버터 4테이블스푼(1/2토막)

요리법

1. 오븐을 190도로 예열한다. 중력분 밀가루, 베이킹소다, 소금을 한데 체를 쳐둔다. 통밀가루는 포크로 뒤적인다. 큰 용기에 달걀을 깨뜨려 넣고 완전히 풀어질 때까지 젓는다. 여기에 버터밀크, 버터, 메이플시럽을 넣고 잘 섞이도록 저어준다. 체를 쳐둔 밀가루와 소금과 섞은 다음 한데 어우러지도록 부드럽게 뒤섞는다. 버터를 두른 사각팬(20×20cm)에 반죽을 평평하게 펼쳐 놓는다.

2. 토핑 재료인 밀가루, 설탕, 그래놀라, 피칸, 계피가루를 포크로 살살 뒤적인다. 이들 재료에 버터를 소량 넣고 다시 뒤적여준 다음 반죽에 뿌린다.

3. 이쑤시개를 찔러 넣어 반죽이 묻어 나오지 않을 때까지 25분가량 굽는다. 따뜻할 때 먹는다. 케이크를 다시 데울 때는 호일을 씌운다.

약 9명이 먹을 수 있는 분량이다.

---

* 다양한 곡물, 견과류, 말린 과일 등을 혼합하여 만든 아침식사용 시리얼

과수원 가꾸기

수많은 나무가 타가수분*을 필요로 한다는 점은 과수원을 가꿀 때
우선적으로 고려해야 할 사항이다. 이런 이유로 과실나무마다 두 가지
이상의 품종을 심을 필요가 있다. 대개 나무의 가루받이는 벌에 의해
이루어지기 때문에 나무 심는 간격도 그만큼 중요하다.
두 품종이 150m 이상 떨어져서는 안 된다.

타가수분

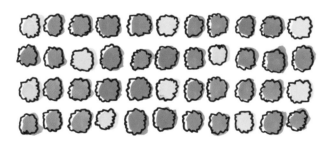

규모가 큰 과수원에는 꽃가루받이 나무가 과수들 사이에 흩어져 있다.

왜성과수는 키가 작아 관리나 수확하기 쉬운 과수를 말하는데,
훨씬 수월하면서도 일반 과수 못지않은 크기와
향을 지닌 과일을 맺는다.

---

* 서로 다른 유전자를 가진 꽃의 꽃가루가 곤충이나 바람, 물 등의
  매개에 의해 열매나 씨를 맺는 일

주요 사과 품종

오톰 골드
(*Autumn Gold*)

발드윈
(*Baldwin*)

블랙 트위그
(*Black Twig*)

브레이번
(*Braeburn*)

코틀랜드
(*Cortland*)

엠파이어
(*Empire*)

후지
(*Fuji*)

갈라
(*Gala*)

그래니 스미스
(*Granny Smith*)

골드러시
(*Goldrush*)

하랄손
(*Haralson*)

허니크리스프
(*Honeycrisp*)

마쿤
(*Macoun*)

핑크 레이디
(*Pink Lady*)

레드 딜리셔스
(*Red Delicious*)

로드 아일랜드
그리닝
(*Rhode Island Greening*)

107

텃밭을 망가뜨리는 벌레들

양배추은무늬 밤나방유충

• 양배추의 잎을 갉아먹는다.
• 대개 양배추과에 속하는 작물에 해를 입힌다.

벼룩잎벌레

• 어느 종류의 채소든 닥치는 대로 먹어치운다.
• 다양한 종류의 벼룩잎벌레가 있어 채소에 해를 입힌다.

가루이

• 오이, 감자, 토마토 등의 작물에서 즙을 빨아먹는다.

아스파라거스딱정벌레

• 아스파라거스의 끝부분과 줄기를 갉아먹는다.

콜로라도 감자잎벌레

• 애벌레가 감자잎을 갉아먹는다.
• 가지, 고추, 토마토 등의 작물에도 해를 입힌다.

조명나방

• 옥수수 이삭과 줄기에 구멍을 뚫어 해를 입힌다.

멕시코원산딱정벌레

• 콩류를 갉아먹는다.

호박노린재

• 오이, 멜론, 호박 등에서 즙을 빨아먹는다.

박각시나방애벌레

- 토마토를 갉아먹는다.
- 이들 애벌레는 가지, 고추, 감자에도 해를 입힌다.

진드기

- 온갖 종류의 채소에서 즙을 빨아먹는다.

민달팽이 / 달팽이

- 채소의 부드러운 조직을 갉아먹는다.
- 녀석들이 지나간 자리에는 구멍이 숭숭 뚫리고 끈적끈적한 점액이 남는다.

텃밭에서 만나는 고마운 벌레들

가시병정벌레

- 박각시나방애벌레, 감자잎벌레, 배추벌레 등을 잡아먹는다.

침노린재

- 텃밭의 해충을 잡아먹는다.

풀잠자리

- '진딧물 사자'라는 별명이 붙어 있다.
- 진딧물, 깍지벌레, 잎응애, 가루이 등의 해충을 잡아먹는다.

꽃등에

- 애벌레는 진딧물을 비롯한 작은 해충을 잡아먹는다.

지렁이

- 땅심을 향상시킨다.
- 통기성을 높여 물 빠짐에도 도움이 된다.

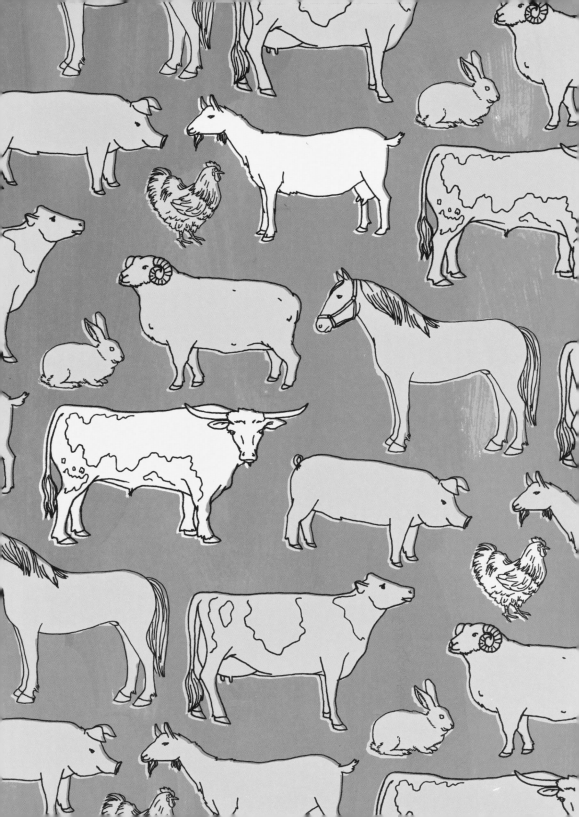

CHAPTER 5

농장에서 만날 수 있는
다양한 동물

알아두면 좋은 닭과 관련된 단어

bantum 소형 닭

boiler 6~9개월 된 닭

broiler 무게가 1~1.5kg인 영계

chick 병아리

clutch 한 번에 낳은 달걀 전체. 일소란

cockerel 생후 1년 미만의 수탉

flock 닭 무리

hen 암탉

nest egg 산란을 촉진하려고 둥지에 넣어둔 가짜 달걀

pullet 생후 1년 미만의 암탉

roaster 무게가 2~3kg인 닭

rooster 수탉

수탉 해부학

1. 볏
2. 귓불
3. 등거리
4. 안장
5. 꼬리깃
6. 솜털
7. 넓적다리
8. 무릎
9. 발톱돌기
10. 발톱
11. 정강이
12. 가슴
13. 목깃털
14. 턱볏(육수)
15. 부리

COMB
STYLES

벗의 형태

미나리아재비벗

쿠션벗

장미벗

뽀족한 장미벗

호두벗

홑벗

완두벗

딸기벗

카네이션벗

V자벗

안코나

- 크고 흰 달걀을 낳는다.

수탉 3kg
암탉 2kg

레그혼

- 크고 흰 달걀을 낳는다.
- 가장 널리 보급된 품종 가운데 하나다.

수탉 3kg
암탉 2kg

미노르카

- 매우 희고 큰 달걀을 낳는다.
- 추위에 약해 동상에 걸리기 쉽다.

수탉 4kg
암탉 3.5kg

오스트랄로프

• 호주가 원산지인 품종

수탉 4kg
암탉 3kg

코니쉬

• 영국의 콘월에서
육종된 품종

수탉 5kg
암탉 3.5kg

오핑턴

• 몸집이 크고
체력이 강하다.

수탉 4.5kg
암탉 3.5kg

고기를 얻기 위해 키우는 닭(육용종)

뉴햄프셔

- 고기 맛이 좋다.

수탉 4kg
암탉 3kg

플리머스록

- 성질이 온순하다.
- 가장 널리 보급된 품종 가운데 하나다.

수탉 4.5kg
암탉 3.5kg

로드 아일랜드레드

- 갈색의 큰 달걀을 낳는다.
- 로드아일랜드 주를 상징하는 새다.

수탉 4kg
암탉 3kg

달걀 해부학

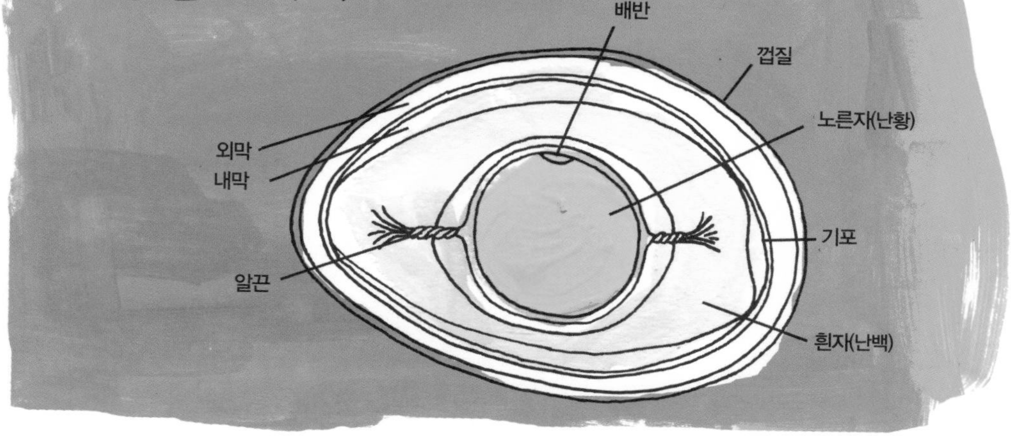

배반
껍질
노른자(난황)
외막
내막
기포
알끈
흰자(난백)

닭을 위협하는 짐승들 간밤에 닭을 물어간 범인을 밝히려면 닭장 주변의 발자국을 살펴보라.

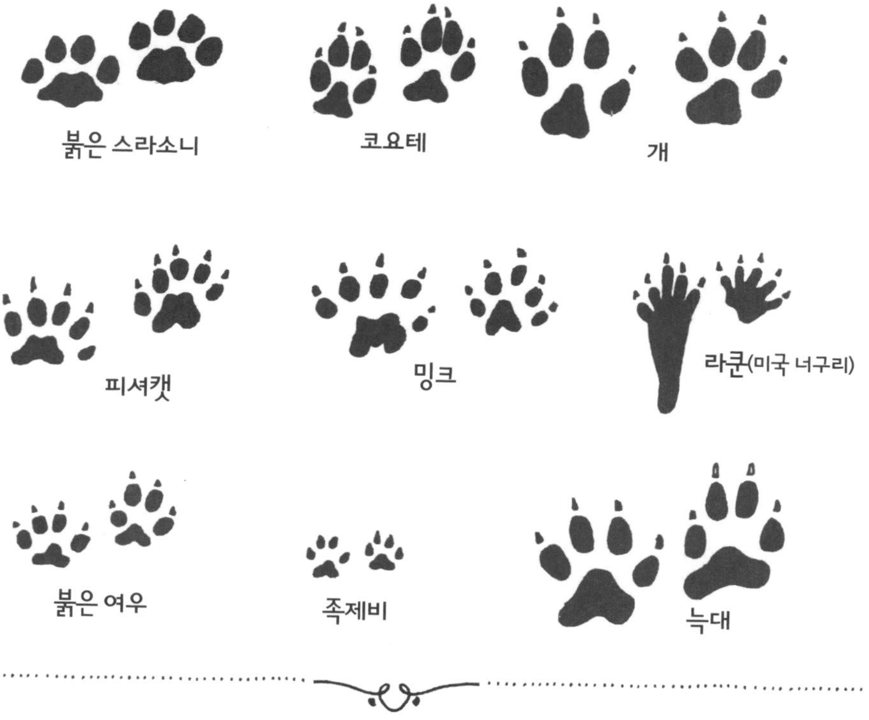

붉은 스라소니
코요테
개
피셔캣
밍크
라쿤(미국 너구리)
붉은 여우
족제비
늑대

평균적으로

암탉
한 마리는

1년에

약 **260** 개의 달걀을 낳는다.

신선한 달걀 감별법
. . . .

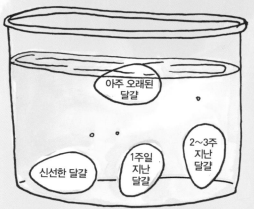

아주 오래된
달걀

신선한 달걀

1주일
지난
달걀

2~3주
지난
달걀

오래된 달걀을 가려내려면
물속에 담그면 된다.
오래된 달걀일수록 기포가 커져서
물 위로 뜨기 때문이다.

신선한 달걀의 노른자는 형태가 그대로 유지된다.

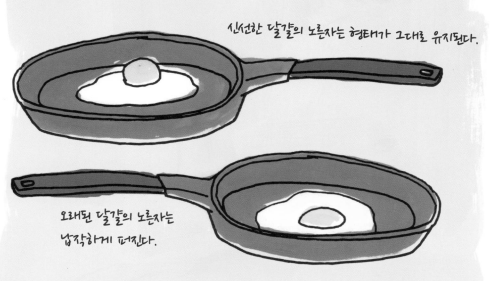

오래된 달걀의 노른자는
납작하게 퍼진다.

121

그 밖의 가금류

 오리

콜

- 고음의 우는 소리를 낸다.
- 온순하고 사람을 잘 따른다.
- 대개 회색이나 흰색이지만
  그 밖의 색을 띠기도 한다.
- 갓 부화한 새끼 오리는 육질이 부드럽다.

말라드(청둥오리)

- 가정용 소형 오리
- 주기적으로 알을 낳는다.

만다린(원앙)

- 암수가 함께 새끼를 기른다.
- 동양 문화에서는 금슬이 좋은 부부를
  상징하기도 한다.

러너

- 몸체가 꼿꼿하다.
- 무게가 2kg가량 된다.
- 1년에 140~180개의 알을 낳는다.

아프리칸

- 조용한 편이다.
- 우리에서 기르기가 쉽다.
- 다른 품종에 비해 지방이 적다.
  (고기를 얻을 목적으로 기를 경우)

차이니즈

- '꽈악꽈악'하는 일반적인 거위 소리
  대신 알아듣기 힘든 소음을 낸다.
- 작물 사이의 잡초를 먹어치우기 때문에
  친환경 농업에서 제초제 대안으로 사육된다.

엠덴

- 무게가 13kg까지 나가는 경우도 있다.
- 고기를 얻기 위한 육용종으로 인기가 높다.

툴루즈

- 농가 마당에서 흔히 볼 수 있다.
- 무게가 8~12kg가량 된다.

미국의 토종 칠면조

상업적인 목적으로 가장 많이 사육되는 칠면조는 사료를 먹고 빨리 체중(특히 가슴살)을 늘리도록 개량되었다.
하지만 정상적인 짝짓기는 할 수 없으며 알을 많이 얻으려면 인공수정을 해야 한다.
미국 가축 품종 관리 위원회에 따르면, 토종은 자연번식을 할 수 있는지, 서서히 성장하고 야외의 거주환경에도
잘 적응하는지, 긴 생산수명(암컷은 5~7년, 수컷은 3~5년)을 갖고 있는지에 따라 결정된다.

버번 레드

- 켄터키 주에서 1800년대에 개발된 품종
- 고기 맛이 좋다.
- 초지에서도 잘 산다.

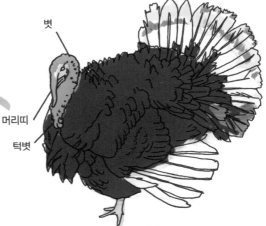

벗

머리띠

턱벗

미지트 화이트

- 가슴이 작은 품종을 얻기 위해 1960년대에 개발된 칠면조다.
- 평균 몸무게가 3.5~6kg에 이른다.
- 작은 농장에서 사육하기에 알맞다.

로열 팜

- 대개 관상용으로 키운다.
- 수컷의 공격적인 성향이 다른 품종에 비해 덜하다고 알려져 있다.
- 새끼를 기르는 포육능력이 뛰어나다.

슬레이트

- 라벤더라고도 불린다.
- 몸체는 거뭇한 점이 섞인 회청색을 띤다.

수염

스탠다드 브론즈

- 가장 인기가 많은 품종이다.
- 유럽 농가의 칠면조과 야생 칠면조 사이의 교배종이다.

알아두면 좋은 식용소와 관련된 단어

bucket calf   양동이에 담긴 우유를 먹는 송아지

bull   거세하지 않은 수소

calf   1살 미만의 송아지

calving   송아지를 낳는 분만 과정

cow   암소

dogie   어미를 잃었거나 방치된 송아지

freshen   송아지를 낳은 뒤에 젖이 나오는 것

heifer   암송아지

open   임신이 안 된 상태

springer   이제 막 새끼를 낳으려는 암소

steer   거세한 수소

weanling   이제 막 젖을 뗀 송아지

yearling   한 살 배기 송아지

식용소 해부학

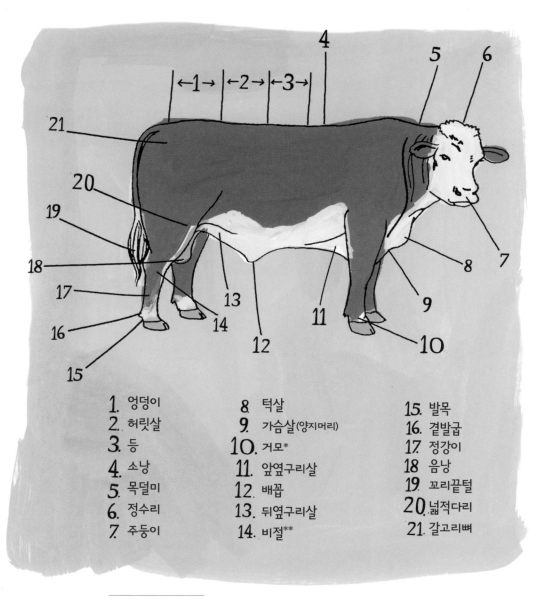

1. 엉덩이
2. 허릿살
3. 등
4. 소낭
5. 목덜미
6. 정수리
7. 주둥이
8. 턱살
9. 가슴살(양지머리)
10. 거모*
11. 앞옆구리살
12. 배꼽
13. 뒤옆구리살
14. 비절**
15. 발목
16. 곁발굽
17. 정강이
18. 음낭
19. 꼬리끝털
20. 넓적다리
21. 갈고리뼈

---

* 구절 뒤에 있는 털다발
** 뒷다리 관절

소의 뱃속에서는 어떤 일이 벌어질까?

소는 되새김질을 하는 반추동물로 반추위(제1위), 벌집위(제2위), 겹주름위(제3위), 주름위(제4위)의
4개 방으로 이루어진 특별한 소화 체계를 갖고 있다.

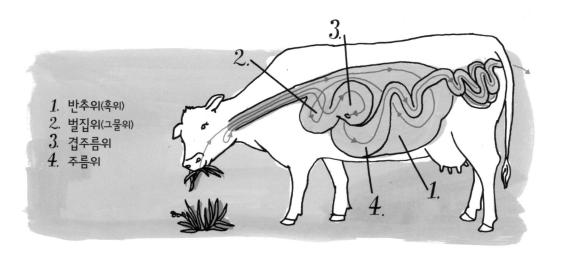

1. 반추위(혹위)
2. 벌집위(그물위)
3. 겹주름위
4. 주름위

가장 넓은 영역을 차지하는 반추위에는 불완전하게 소화된 먹이의 상당량이 저장된다.
반추위에 들어 있는 미생물은 먹이를 부드럽게 만들어준다.

벌집 모양의 위벽으로 둘러싸인 벌집위는 잘못 들어온 이물질을 모아둔다. 또 먹이를 되새김할 수 있도록
더욱 부드럽게 만들어준다. 그렇게 분해된 먹이는 입으로 토해내 **50번** 이상 씹고 나서 다시 삼킨다.

겹주름위는 소화되지 않은 먹이의 상당량을 저장해두었다가 벌집위로 다시 돌려보낸다.

마지막으로 주름위는 사람의 위와 거의 같은 역할을 하며 먹이를 소화시키는 효소를 분비한다.
소화되고 남은 음식물 찌꺼기는 장을 통해 몸 밖으로 배출된다.

영국의 식용소

앵거스

- 최고의 맛을 자랑한다.
- 새끼를 잘 낳는다고 알려져 있다.
- 몸집이 큰 다른 품종과의 교배종으로도 인기가 많다.

헤리퍼드

- 몸집이 크다.
- 성질이 온순하다.

쇼트혼

- 포육능력이 훌륭하다.
- 몸집이 작은 상태로 태어난다.

유럽과 북미의 식용소

샤롤레

- 프랑스 원산
- 근육이 발달한 종이다.
- 도축 직후의 사체인 도체의 형질이 우수하다.

리무진

- 프랑스 원산
- 근육이 발달한 종이다.
- 크기는 중간 정도다.
- 포육능력이 훌륭하다.

자이멘탈

- 스위스 원산
- 식용소치고는 상당한 양의 우유를 생산한다.
- 성장속도가 빠르다.

그 밖의 식용소

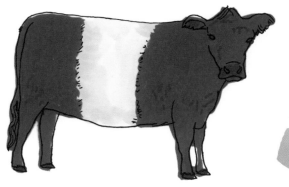

벨티드갤로웨이

- '벨티'로도 불린다.
- 기름기가 적으면서도
  고기 맛이 뛰어나다.
- 몸체 한가운데에 띠처럼
  흰 털을 두르고 있다.
- 혹독한 기후조건에서도
  살아남을 수 있다.

브라만

- 인도가 원산지로
  미국에서 개량된
  품종이다.
- 더위에 강하다.

텍사스롱혼

- 미 서부를 상징하는 대표적인 소
- 질병에 대한 면역력이 뛰어나다.
- 바위가 많은 산악지역의 이동은 물론
  장거리 이동이 가능하다.

다양한 젖소 품종

에어셔

- 우유가 진하며 많이 나온다.
- 유방이 크다.
- 수명이 길다.
- 초지에서 잘 자란다.

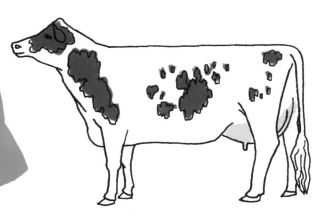

브라운스위스

- 우유의 유지방과 단백질 함량이 높다.
- 성질이 온순하다.
- 발과 다리가 발달했다.

건지

- 유지방 함량이 높은 황금빛 우유를 생산한다.
- 우유에 칼슘과 비타민이 많이 들어 있다.
- 치즈를 만드는 데 적합한 우유다.

홀스타인

- 젖소 가운데 몸집이 가장 크다.
- 미국에서 가장 흔히 사육된다.
- 생산되는 우유의 양은 많지만 유지방과 단백질 함량은 낮다.

저지

- 다른 젖소 품종에 비해 몸집이 작다.
- 활동적인 편이다.
- 맛이 진하고 유지방이 풍부한 우유를 생산한다.

밀킹 쇼트혼

- 체질이 강하다.
- 새끼를 잘 낳고 포육능력도 훌륭하다.

젖소 젖 짜기

- 젖을 짜려는 사람은 우선 손톱을 짧게 자르고 손도 깨끗하게 씻는다. 그런 다음 젖소의 젖꼭지를 따뜻한 비눗물로 씻어준다.

- 낮은 의자에 앉아 우유 받을 양동이를 다리 사이에 갖다 댄다.

- 양손에 젖꼭지를 하나씩 쥐고 오른쪽부터 젖 짜기를 시작한다.

- 엄지와 집게손가락에 힘을 주는 동시에 나머지 손가락을 이용해 젖이 아래로 내려가도록 짠다.

- 양손을 번갈아가며 한 번에 한쪽씩 짠다.

- 짜낸 우유가 양동이 안에 제대로 들어가게 한다. 젖을 짜고 난 젖꼭지는 크기가 줄고 한결 부드러워질 것이다. 다른 쪽 젖도 같은 방법으로 짠다.

젖소는 12시간 간격으로 하루에 2번 젖을 짜주어야 한다.

착유기

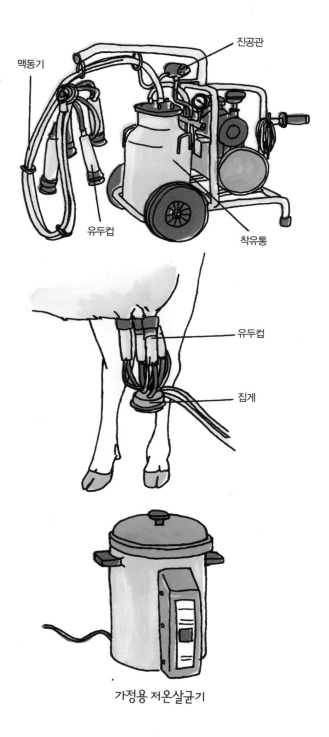

착유기는 대량의 젖소에게서 젖을 짤 때
보다 효과적이다. 기계를 사용하면
훨씬 짧은 시간에 많은 젖소에게서
젖을 짤 수 있다.
손으로 짜면 15~20분가량 걸리는 양을
착유기를 이용하면 거의 5분 만에
끝낼 수 있다.

유두컵(착유컵)을 사용하면 송아지가
젖을 빠는 것과 같은 효과를 본다.
짜낸 우유는 진공관을 거쳐
착유통으로 옮겨진다.

맥동기

진공관

유두컵

착유통

유두컵

집게

우유의
저온살균처리

우유의 보존기간을 늘리기 위해
저온살균처리 과정을 거친다.
가정용 저온살균기를 구입할 수도 있지만
적은 양일 경우 가스레인지나
전자레인지를 이용할 수도 있다.
우유를 섭씨 60~75도로 데워 30초간
온도를 유지시키다가 재빨리 식히면 된다.

가정용 저온살균기

염소와 관련된 단어

buck / billy(속어)   거세되지 않은 수염소

buckling   어린 수염소

dam   어미 염소

doe / nanny(속어)   암염소

kid   아기염소

sire   종자로 이용하는 수염소

wether   거세된 수염소

yearling   1년생 염소

염소 해부학

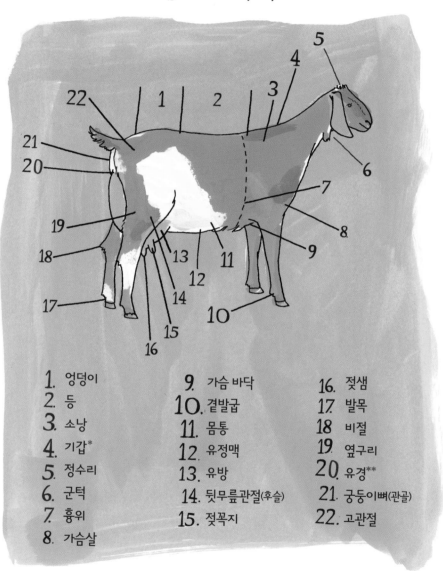

1. 엉덩이
2. 등
3. 소낭
4. 기갑*
5. 정수리
6. 군턱
7. 흉위
8. 가슴살
9. 가슴 바닥
10. 곁발굽
11. 몸통
12. 유정맥
13. 유방
14. 뒷무릎관절(후슬)
15. 젖꼭지
16. 젖샘
17. 발목
18. 비절
19. 옆구리
20. 유경**
21. 궁둥이뼈(관골)
22. 고관절

* 목이 연장된 몸의 일부분. 어깨 위의 불룩하게 도드라진 부분
** 유방의 일부분인 급소

젖을 얻기 위해 기르는 염소 (유용종)

알파인

- 젖이 많이 나오는 품종
- 다양한 기후조건에 잘 적응한다.

라만차

- 귀가 작다.
- 조용하고 온순하다.

누비안

- 성질이 온순하다.
- 반려동물로 적합하다.
- 고기와 젖을 모두 얻을 수 있다.

오버하슬리

- 활동적이며 강인하다.
- 짐을 실어 나르는 데 적합하다.

자넨

- 온순한 성질의 젖염소
- 밝은 햇빛에 민감한 반응을 보일 수도 있다.
- 대개 털은 순백색이며 다른 색일 경우 세이블로 불린다.

토겐부르크

- 가장 오래된 품종으로 꼽힌다.
- 추운 기후조건에서는 털이 길게 자라기도 한다.
- 유방이 발달했다.

고기를 얻기 위해 기르는 염소 (육용종)

보어

- 육질이 두툼하다.
- 거의 해마다 새끼를 낳는다.

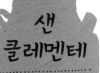

샌 클레멘테

- 몸집이 작다.
- 멸종위기종으로 알려져 있다.

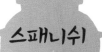

스패니쉬

- 번식력이 강하다.
- 굽이쳐 올라간 멋진 뿔이 일품이다.

털을 얻기 위해 키우는 염소(모용종)

앙고라

- 1년에 3~7kg의 털을 생산한다.
- 기생충에 잘 감염된다.
- 성질이 온순하다.

앙고라털 섬유

피부
주섬유
솜털

캐시미어

캐시미어는 염소의 연한 털로 이루어진 섬유조직이다. 솜털처럼 부드럽고 보온성이 높아 값비싼 직물을 만드는 데 자주 이용된다. 캐시미어를 얻기 위해 기르는 염소가 1년 동안 생산하는 캐시미어는 150g 정도에 불과하기 때문에 희소가치가 높고 비싸다. 캐시미어를 많이 생산하는 염소는 판매가격이 수백만 원에 이르는 경우도 있다.

'캐시미어'란 이름은 인도의 카슈미르 지방에서 유래한 것이다. 고원지대인 이곳에서 살아가는 염소는 체온 유지를 위해 털이 길게 자란다.

염소 발굽 손질하기

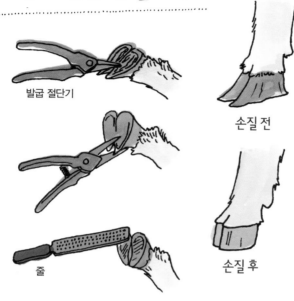

발굽 절단기

손질 전

줄

손질 후

비온 뒤에는 염소 발굽이 한결 부드러워지기 때문에 손질하기에 안성맞춤이다.

- 우선 발굽에 묻은 흙먼지를 털어낸다.
- 그런 다음 발굽의 앞뒤로 지나치게 자란 부분을 다듬는다.
- 발굽 바닥이 분홍색을 띨 때까지 발굽벽을 조금씩 다듬어나간다.
- 마지막으로 줄을 이용해 발굽을 매끄럽게 손질한다.

간이 스탠드

간이 스탠드가 없으면 염소를 한자리에 붙들어 놓기가 어렵다. 이런 구조물은 염소에게 간단한 먹이를 주면서 그 사이 젖을 짜거나 발굽을 다듬을 때 유용하게 쓰인다. 또 염소에게 약물을 투여하거나 털 깎는 모습을 사람들에게 공개할 때도 이용된다.

다양한 매듭짓기

이처럼 간단한 매듭은 흔히 가축을 묶는 데 이용된다.

이중반매듭

이 매듭은 풀매듭*처럼 쉽고 빠르게 묶고 풀 수 있다.

1

2

사각매듭

약간 복잡한 형태의 옭매듭(외벌매듭)이다.

이 매듭을 이용하면 밧줄 2개를 한데 묶을 수 있다.

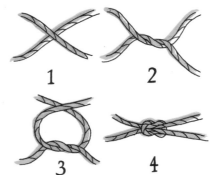

1　　**2**

3　　**4**

보라인매듭

이 매듭은 잡아당겨도 조여지지 않는다.

1　　　**2**

3　　　**4**

퀵릴리즈매듭

이 매듭은 아무리 단단히 묶어도 쉽게 풀 수 있다.

1　　　**2**　　　**3**

---

* 잡아당기면 풀어지는 매듭

알아두면 좋은 말과 관련된 단어

broodmare   번식이나 사육에 이용되는 암컷 말

colt   4살 미만의 거세되지 않은 수컷 망아지

dam   어미 말

filly   4살 미만의 암컷 망아지

foal   젖을 떼지 않은 어린 망아지

gelding   거세한 수컷 말

horse mule / john   거세한 노새

jack   거세한 수컷 당나귀

jenny   암컷 당나귀

mare   4살 이상의 암컷 말

mare mule / molly   암컷 노새

sire   종마(번식용 수컷 말)

stallion   4살 이상의 거세되지 않은 수컷 말

tandem   두 필의 말이나 노새가 앞뒤로 늘어서서 끄는 마차

team   두 필의 말이나 노새가 양옆으로 늘어서서 끄는 마차

teamster   말이나 노새를 부리는 마부

말 해부학

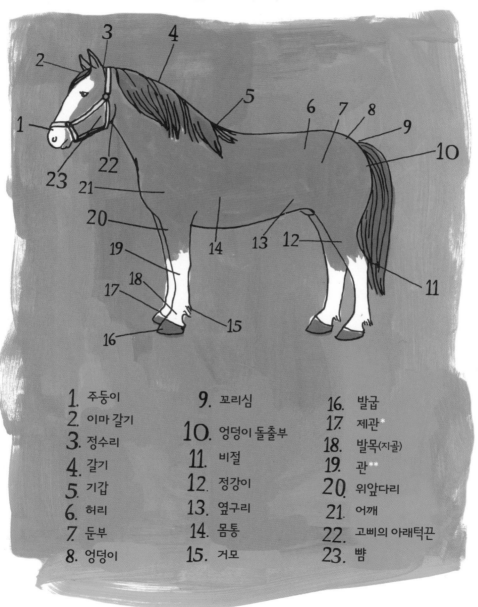

1. 주둥이
2. 이마 갈기
3. 정수리
4. 갈기
5. 기갑
6. 허리
7. 둔부
8. 엉덩이
9. 꼬리심
10. 엉덩이 돌출부
11. 비절
12. 정강이
13. 옆구리
14. 몸통
15. 거모
16. 발굽
17. 제관*
18. 발목(지골)
19. 관**
20. 위앞다리
21. 어깨
22. 고삐의 아래턱끈
23. 뺨

---

* 발굽의 윗 가장자리를 덮는 다리 부분
** 비절과 구절 사이의 뒷부분으로, 말의 체중을 지탱한다.

말 구별법

얼굴에
따른 구별법

불꽃형   대머리형   별형

점박이형   레이스형   줄무늬형

다리 모양에
따른 구별법

부츠형   양말형   스타킹형

꼬리 모양에
따른 구별법

내추럴형   단발머리형   꼬리심형   땋은 머리형

(기계에 끼이지 않는다)

발굽 명칭

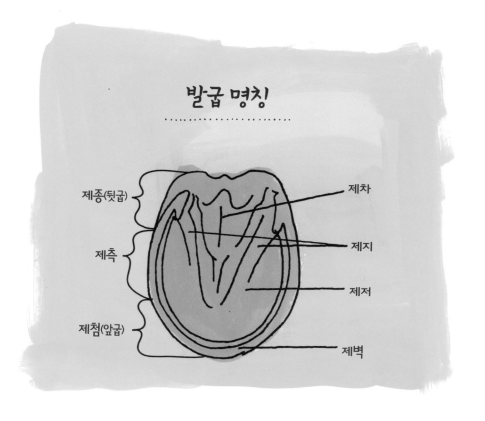

제종(뒷굽)

제측

제첨(앞굽)

제차

제지

제저

제벽

말 손질 도구

쇠주걱
발굽에 낀 흙 제거

강모솔
말의 몸에서 마른 땀과
흙 제거를 위해 처음에 사용

말빗
몸에서 떨어져 나온
털 제거

갈기빗
갈기와 꼬리털을
빗을 때 이용

말솔
몸 전체에 이용
(원을 그리듯이 문지른다)

땀훑치(땀긁개)
호스로 뿌린 물이나
땀을 닦아내는 데 이용

일말 품종

말의 크기는 **cm**나 **m**가 아닌 핸드(hand)라는 단위로 측정된다.
1핸드는 **10cm**이므로 15핸드인 말은 키가 **150cm**, 즉 **1.5m**라는 뜻이다.
말의 키를 측정할 때는 머리가 아니라 기갑의 윗부분(어깨의 최고 지점)에서부터 잰다.

아메리칸 크림

- 일말용으로 미국에서 개량된 품종이다.
- 종종 승마용으로 이용된다.

벨지안

- 다른 색보다 밤색 말이 선호되는 품종이다(몸체는 붉그스름한 금빛을 띠고 갈기와 꼬리는 좀 더 밝은 색을 띤다).
- 몸무게 변화가 거의 없다.
- 미국에서 널리 사육된다.

클라이즈데일

- 스코틀랜드가 원산지인 품종
- 버드와이저 맥주의 수레를 끌었던 말로 유명하다.
- 동작이 경쾌하고 현란한 발동작을 한다.

승마용 말은 대개 키 140〜160cm에 몸무게는 350〜550kg인 반면,
일말용 말은 키 160〜180cm에 몸무게는 700〜800kg에 이른다.

페르슈롱

- 대개 검은색이나 회색을 띤다.
- 다리에 털이 거의 없다.
- 안장을 올리지 않은 채 서커스에
  이용된다.

샤이어

- 신장이 190cm로 일말 가운데
  크기가 가장 크다.
- 수북한 털은 다리를 습기로부터
  보호하는 역할을 한다.

스포티드
드래프트

- 일말 가운데 유일하게
  몸에 반점이 나 있다.
- 1995년 이 품종의 보호를 위해
  북아메리카에 등록소가 설립됐다.

마구

트랙터가 출현하기 전까지만 해도 농사지을 땅을 경작하는 일은 말의 몫이었다. 말은 무거운 짐을 옮기거나 큰 장비를 끌 때 막강한 힘을 발휘했다. 오늘날에도 미국의 소규모 농가에서는 여전히 말을 이용해 밭을 갈고 풀이나 나무를 베는 등 다양한 작업을 한다. 일말은 마차를 끄는 말로도 이용되면서 초원에서 말을 타던 옛 시절에 대한 향수를 불러일으키기도 한다.

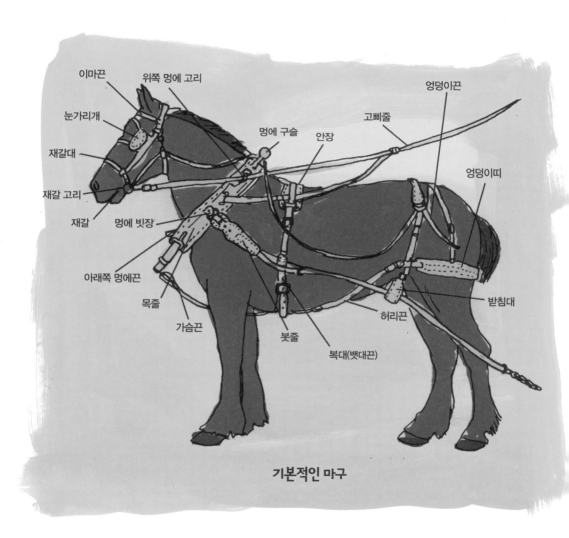

기본적인 마구

노새

....

노새는 수당나귀와 암말 사이에 생긴 잡종이고, 버새는 수말과 암당나귀 사이에 생긴 잡종이다.
노새는 부모로부터 홀수의 염색체를 물려받기 때문에 불임증으로 새끼를 낳지 못한다.

수당나귀

+

암말

엉성한
갈기와 꼬리

말보다는 크고
당나귀보다는
작은 귀

로마코
(매부리코)

편자가
필요 없을 만큼
튼튼하고
강한 발굽

= 노새

농장 일에는 일말용 암말(대개 벨지안이나 페르슈롱)과 덩치 큰 수당나귀의 교배종이 투입된다.
그렇게 해서 얻은 노새는 몸무게가 **550kg** 정도 된다. 노새는 힘과 체력이 좋고 영리하기 때문에
인기가 많다. 또한 녀석들은 고집이 세지만 인지능력이 뛰어나다는 평가를 받는다.
게다가 체력이 좋아 말처럼 먹이와 물을 많이 먹지도 않는다.

알아두면 좋은 돼지와 관련된 단어

boar 거세하지 않은 수퇘지

farrow 한 배로 낳은 돼지새끼들

gilt 어린 암퇘지

piglet 새끼 돼지

shoat 젖을 뗀 새끼 돼지

sow 새끼를 낳은 적이 있는 암퇘지

stag 거세한 수퇘지

barrow 새끼일 때 거세한 수퇘지

runt 한 배에서 나온 새끼들 가운데 가장 작은 새끼 돼지

sucker 태어나서 젖을 떼지 않은 새끼 돼지

돼지 해부학

1. 주둥이
2. 볼살(턱밑살)
3. 마디뼈
4. 발목
5. 앞꿈치
6. 앞옆구리살
7. 배
8. 음경 포피
9. 곁발굽
10. 비절
11. 뒤옆구리살
12. 무릎관절
13. 넓적다리
14. 엉덩이
15. 허릿살
16. 등살
17. 목살

널리 사육되는 돼지 품종

버크셔

- 근육이 발달한 품종
- 등심 부위가 많고 최고급 육질로 인정받는다.
- 호흡기 질환을 잘 앓는다.

블랙 폴란드

- 육질이 매우 뛰어나다.
- 한 배에 많은 수의 새끼를 낳는다.

체스터 화이트

- 포육능력이 뛰어나다.
- 새끼를 잘 낳는다.
- 막 낳은 새끼의 크기가 큰 편이다.
- 이종교배에 적합하다.

두록

- 미국의 주요 돼지 품종으로 체구가 크고 몸이 두껍다.
- 육질이 훌륭하다.
- 다른 품종과 이종교배하기도 한다.

햄프셔

- 원산지는 영국
- 성장속도가 빠르다.
- 강인하면서도 새끼를 잘 낳는다.

랜드레이스

- 몸길이가 가장 길다.
- 몸집이 상당히 큰 새끼를 낳는다.
- 성질이 온순하며 간혹 실내에서 사육하기도 한다.

스포티드

- 얼룩 폴란드 차이나종이라고 불린다.
- 포육능력이 훌륭하다.
- 몸집이 큰 새끼를 낳는다.
- 몸체가 길고 늘씬하다.

요크셔

- 포육능력이 훌륭하다.
- 몸집이 큰 새끼를 낳는다.
- 몸집이 크고 길다.

가축의
하루 물 소비량

마리당 하루 평균(L)

15-38 (닭 100마리당)

8-20

4-11

4-15

30-57

38-95

26-72

lamb   한 살 미만의 새끼 양
ewe / yoe(속어)   암양
dam   어미양
gummer   이빨 빠진 늙은 양
ram/buck(속어)   수양
wether   거세된 수양

털이 덮이지 않은 얼굴	털에 덮인 얼굴	뿔이 달리지 않은 양	뿔 달린 양
흰 얼굴	검은 얼굴	쫑긋 선 귀	늘어진 귀

양 해부학

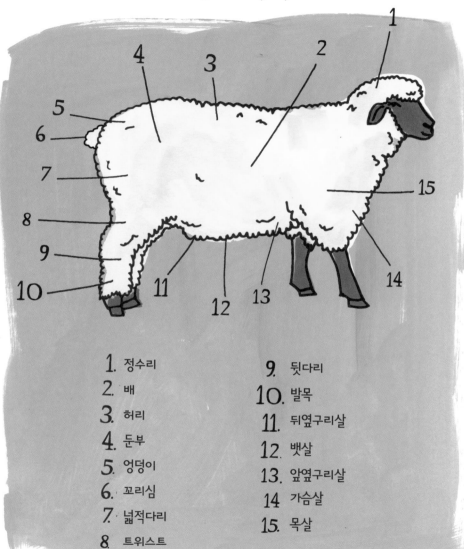

1. 정수리
2. 배
3. 허리
4. 둔부
5. 엉덩이
6. 꼬리심
7. 넓적다리
8. 트위스트

9. 뒷다리
10. 발목
11. 뒤옆구리살
12. 뱃살
13. 앞옆구리살
14. 가슴살
15. 목살

다양한 양 품종

코리데일

- 몸집이 크다.
- 성질이 온순하다.
- 양모와 고기를 모두 얻기 위한 목적으로 사육한다.
- 본능적으로 무리를 잘 짓는다.

도싯

- 중간 크기의 품종
- 체력이 강하다.
- 새끼를 쉽게 낳는다.
- 실을 잣기에 적합한 양질의 털을 생산한다.

햄프셔

- 몸집이 크며 고기를 얻기 위해 기르는 육용종 양
- 성질이 온순하다.

카타딘

- 몸에 털은 있지만, 일반적인 양모와는 다르다.
- 털갈이를 하기 때문에 털을 깎아줄 필요가 없다.
- 애완용으로 키우기 적합하다.
- 극한 기후조건도 견뎌낼 수 있다.

롬니

- 춥고 습한 지역에서 사육하기에 적합하다.
- 실을 잣기에 적합한 부드럽고 긴 양털을 가지고 있다.

서퍽

- 몸집이 크다.
- 성장 속도가 빠르다.
- 고집이 센 편이다.

양털 깎기

양은 일 년에 한 번씩은 털을 깎아주어야 한다.
양이 건강을 유지하고 무더운 여름을 쾌적하게
나려면 털 깎는 일은 무척 중요하다.

양은 그림과 같은 자세로 앉혀 놓으면
꼼짝 못한다. 양털 깎는 사람의 다리에
양이 엉덩이를 붙이고 앉게 하는데,
이런 자세는 양이 발버둥치는 것을
제지하고 발굽을 다듬을 때도 유용하다.

털 깎기는 손가위나 전기 가위를
이용할 수 있다. 전기 이발기는 비싸지만
손으로 하는 것보다 훨씬 빠르다.
반면에 소음이 너무 심해 양이 겁을
집어먹을 수도 있다. 노련한 사람은
깎는 데 2분도 안 되는 시간이 걸린다.

양털 깎는 자세

손가위

vs.

전기 이발기

양털 정리와 등급

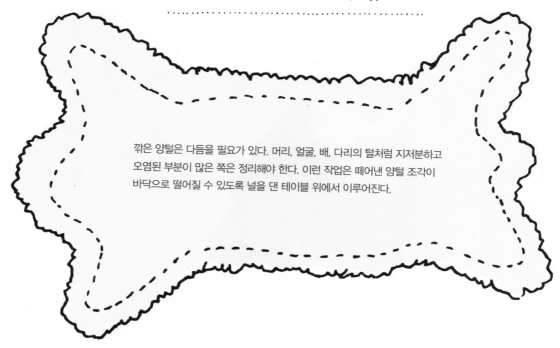

깎은 양털은 다듬을 필요가 있다. 머리, 얼굴, 배, 다리의 털처럼 지저분하고 오염된 부분이 많은 쪽은 정리해야 한다. 이런 작업은 떼어낸 양털 조각이 바닥으로 떨어질 수 있도록 널을 댄 테이블 위에서 이루어진다.

양모 등급 매기기

양모의 질감과 밀도는 몸체 어느 부분의 털인지에 따라 다양하게 나뉜다.

1. 우수, 높은 밀도

2. 중간 밀도

3. 중간 밀도

4. 중간 밀도

5. 중간 밀도

6. 거칠고 가는 털

알아두면 좋은 토끼와 관련된 단어

buck 수토끼

dam 어미 토끼

doe 암토끼

dwarf 몸무게가 1.5kg 미만인 토끼

junior 생후 6개월 미만의 어린 토끼

kindle 토끼가 새끼를 낳는 일

kit 새끼 토끼

Lagomorpha 토끼를 비롯한 포유류의 한 목으로 설치류는 포함되지 않는다.

litter 한 어미에게서 태어난 새끼 토끼들

lop ear 쫑긋 서지 않고 늘어진 귀

rabbitry 토끼 사육장

sire 종자용 수토끼

토끼 해부학

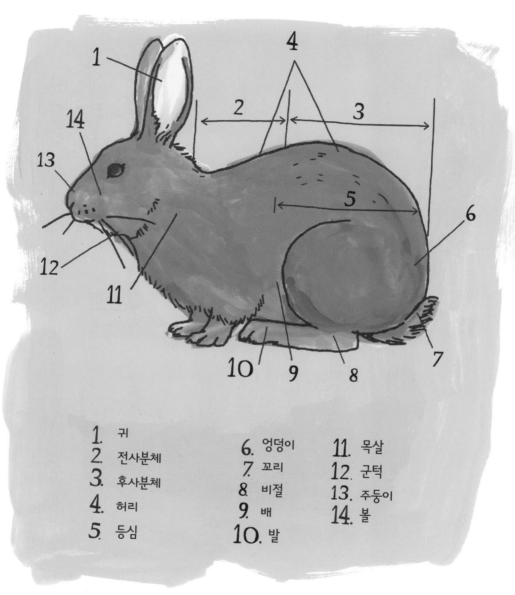

1. 귀
2. 전사분체
3. 후사분체
4. 허리
5. 등심
6. 엉덩이
7. 꼬리
8. 비절
9. 배
10. 발
11. 목살
12. 군턱
13. 주둥이
14. 볼

애완용 토끼

더치

- 몸무게는 1.5~2.5kg 정도
- 온순한 성질

미니롭

- 몸무게는 3kg이 안된다.
- 활발한 성질

미니렉스

- 몸무게는 2kg에 약간 못 미친다.
- 느긋한 성질

네덜란드드워프

- 몸무게는 1kg이 약간 넘는다.
- 가장 작은 품종
- 몸집이 작은 새끼를 낳는다.

육용종 토끼

캘리포니안

- 몸무게는 4~4.5kg
- 뉴질랜드를 비롯한 다른 몇몇
  종에서 얻은 교배종

샴페인다르장

- 몸무게는 5.5~8kg
- 가장 오래된 품종 가운데 하나다.
- 나이가 들면서 점점 은빛을 띤다.

뉴질랜드

- 몸무게는 4~5.5kg
- 최고의 육질을 자랑한다.
- 털은 붉은색, 검은색, 흰색을 띤다.

팔로미노

- 몸무게는 4~4.5kg
- 온순한 성질
- 골든과 링크스의 두 종으로
  나뉜다.

모용종 토끼

잉글리시

- 몸무게는 2~3kg
- 솜털처럼 부드러운 털
- 가장 인기 많은 품종

프렌치

- 몸무게는 3.5~5kg
- 털이 거친 편이다.
- 귀, 얼굴, 다리까지 털이 나 있다.

자이언트

- 몸무게는 4kg 이상
- 털을 얻기 위해 기르는 품종 가운데 가장 크다.

새틴

- 몸무게는 3~4.5kg
- 털에서 윤기가 흐른다.

털 종류와 색깔

앙고라

실을 만들 수 있을 만큼 길고
부드러운 털

렉스

다양한 색상을 가진 짧고
고급스런 털

새틴

속이 비어
윤기가 나는 털

아구티

아구티 털

털마다 나 있는
줄무늬 때문에
털이 희끗희끗해 보인다.

얼룩무늬

흰 바탕의 털에
얼룩이나
반점이 있다.

포인트

몸은 전반적으로
밝은 색을 띠지만 귀, 코, 발은
어두운 색을 띤다.

셀프

몸 전체가 한 가지 색을 띤다.

반점

솜처럼 포근한 밑털 위로
뻣뻣한 바깥털이
보호용으로 나 있다.

알아두면 좋은 벌과 관련된 단어

absconding 도거(도망). 환경이 불리해지면 새로운 거주지를 찾아 군집 전체가 이주하는 것

anther 꽃밥. 꽃가루가 들어 있는 수컷생식세포

beehive 꿀벌이 사는 벌집

cell 벌집에 들어 있는 육각형의 방

colony 여왕벌을 중심으로 모인 벌 군집

comb 벌집에서 밀랍으로 덮인 육각형의 방

dancing 벌은 춤을 통해 의사소통을 한다.

drone 수벌

honey 꽃가루 매개자를 유인하기 위해 식물이 만들어낸 당액

pheromone 의사소통을 위해 벌이 분비하는 화학물질

pollen 꽃의 수컷생식세포가 만들어낸 꽃가루. 벌의 먹이로 수집된다.

queen 여왕벌. 알을 낳는 암벌

swarming 분봉. 벌의 군집 일부가 살던 곳을 떠나 새로운 벌집을 만드는 현상

worker 일벌. 알을 낳지 않는 암벌

벌 해부학

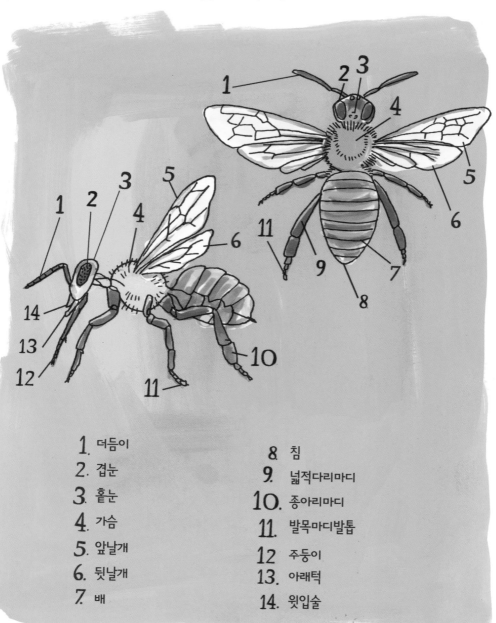

1. 더듬이
2. 겹눈
3. 홑눈
4. 가슴
5. 앞날개
6. 뒷날개
7. 배
8. 침
9. 넓적다리마디
10. 종아리마디
11. 발목마디발톱
12. 주둥이
13. 아래턱
14. 윗입술

여왕벌
- 알을 낳는다.
- 수명은 3~4년
- 한 벌집에 한 마리

일벌
- 유충을 보살피고, 집을 짓고, 먹이를 찾는 일을 한다.
- 수명은 몇 주에서 몇 달로 다양하다.
- 한 벌집에 1만~6만 마리

수벌
- 태어난 벌집을 떠나 짝짓기를 한다.*
- 수명은 40~50일
- 한 벌집에 100~500마리

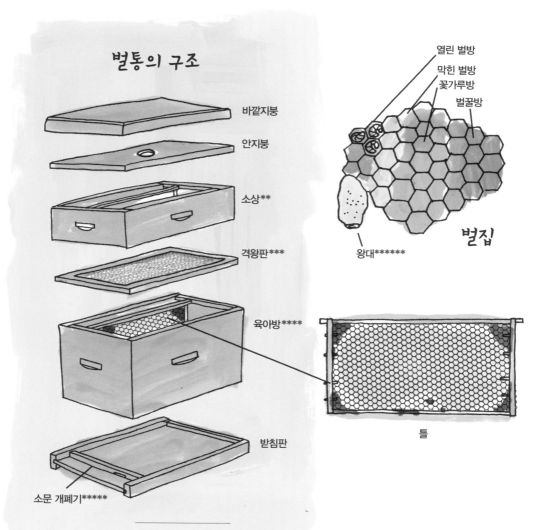

벌통의 구조

- 바깥지붕
- 안지붕
- 소상**
- 격왕판***
- 육아방****
- 소문 개폐기*****
- 받침판

열린 벌방
막힌 벌방
꽃가루방
벌꿀방

왕대******

벌집

틀

---

*   수벌은 같은 벌집 안의 여왕벌과는 교미를 하지 않는데, 이는 근친교배를 하지 않기 위한 진화로 보인다.
**   여분의 비축용 꿀을 모으는 데 사용되는 용기.
***   육아방과 소상을 분리시키는 철사로 만든 틀. 일벌은 지나갈 수 있지만 여왕벌이 들어오는 것은 막는다.
****   벌집 형태로 된 벌통의 한 부분. 여왕벌, 알, 애벌레, 번데기, 꽃가루, 꿀 비축분 등이 들어 있다.
***** 주로 작은 동물이 벌통에 들어가는 것을 막기 위해 입구의 크기를 줄였다 늘렸다 하는 이동식 나뭇조각.
****** 새로운 여왕벌이 될 알을 위해 마련된 커다란 방

꽃의 구조

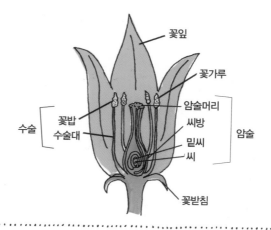

꽃잎
꽃가루
암술머리
씨방
밑씨
씨
꽃밥
꽃받침
수술
꽃밥
수술대
암술

주변에서 흔히 찾아볼 수 있는 밀원*

민들레
노란전동싸리
흰토끼풀
미역취

양봉가의 필수품

복면포
벌에 얼굴이 쏘이지 않도록
망사로 만든 주머니

하이브툴
벌집을 떼어내거나
틀을 제거할 때 이용

훈연기
벌통을 열기 전에 연기를
뿜어 벌을 진정시키는 데 이용

---

* 벌이 꿀을 빨아오는 식물

CHAPTER 6

시골에서 만들고 맛보는 요리

시골집 부엌에서 볼 수 있는
OLD-FASHIONED
오래된 조리기구들

칼갈이

고기 써는
식칼

과일 속을
파내는 기구

치즈 커터

제분기

사과 껍질
벗기는 기구

찜통

튀김용 감자절단기

감자 으깨는
기구

거품기

여과국자

아이스픽
(얼음 깨는 송곳)

껍질
벗기는 칼

주서

체

멜론 스쿠프

크링클 커터
(묵이나 피클 써는 칼)

포테이토 라이서
(감자 으깨는 기구)

노른자 분리기

커피 그라인더
(분쇄기)

곡물 분쇄기

국자

체리씨
제거하는 기구

미트햄머
(고기용 망치)

밀가루반죽 발효팬

믹서

콩껍질
벗기는 기구

밀가루체

튜브팬

케이크틀

제빵용 롤러

밀가루반죽 커터

거품기

밀가루반죽 혼합기

케이크
짤주머니

케이크 절단기

179

와인 만들기에 필요한 용품

8L
플라스틱 들통

4L 병

긴 나무스푼

깔때기

사이폰 튜브*
(120~180cm)

체

코르크 마개

발효전**

와인 병

나무망치

---

*　대기압을 이용해 액체를 하나의 용기에서 다른 용기로 옮기는 데 쓰이는 관
**　와인이 발효할 때 생기는 가스를 배출시키는 데 사용하는 밸브

민들레 와인 만들기

. . . .

재료 민들레꽃 3L,　　　　　설탕 1.5kg,
　　　물 4L,　　　　　　　생이스트 30g 혹은 인스턴트 이스트 3봉지,
　　　렌지 2개(껍질 포함),　건포도 500g
　　　레몬 1개(껍질 포함),

주조법

1. 맑고 화창한 날 만개한 꽃을 딴다. 발효를 저해하는 초록색 부분은 제거한다.

2. 큰 냄비에 물을 끓여 채집한 꽃에 붓는다. 꽃을 사흘 동안 물에 담가둔다.

3. 오렌지와 레몬즙을 낸다. 껍질은 남겨두고 즙도 따로 보관한다.

4. 민들레꽃을 담가둔 물에 오렌지와 레몬 껍질을 넣고 끓인다. 불을 끄고 건더기를
   걸러낸 다음 설탕을 추가한다. 설탕이 완전히 녹을 때까지 저어주고 식힌다.

5. 그렇게 얻은 꽃물에 오렌지즙, 레몬즙, 이스트, 건포도를 넣어 뚜껑이 헐거운 (발효
   과정에서 발생하는 가스가 배출되기 쉽도록) 들통에 붓는다.

6. 액체에서 더 이상 거품이 올라오지 않으면(이틀에서 일주일 정도 소요) 발효가 끝난 것
   이다. 면보를 몇 겹으로 받쳐두고 액체를 걸러 살균소독한 병에 옮겨 담는다. 병 윗
   부분에 바람 빠진 풍선을 씌우고 발효가 더 진행되는지 관찰한다. 풍선이 24시간
   동안 그대로 남아 있으면 발효가 완료된 것이다. 병에 코르크 마개를 덮고 시음 전
   까지 서늘하고 어두운 곳에서 6개월 이상 보관한다.

식용 가능한 꽃

금잔화

- 향긋하고 톡 쏘는 듯한 매콤한 맛이 난다.
- 수프, 파스타, 밥에 넣어 먹을 수 있다.

매리골드

- 향긋하면서 감귤 비슷한 맛이 난다.
- 샐러드로 이용한다.

한련화

- 달콤하면서도 매콤한 맛이 난다.
- 꽃봉오리는 피클을 담거나
  샐러드에 넣는다.

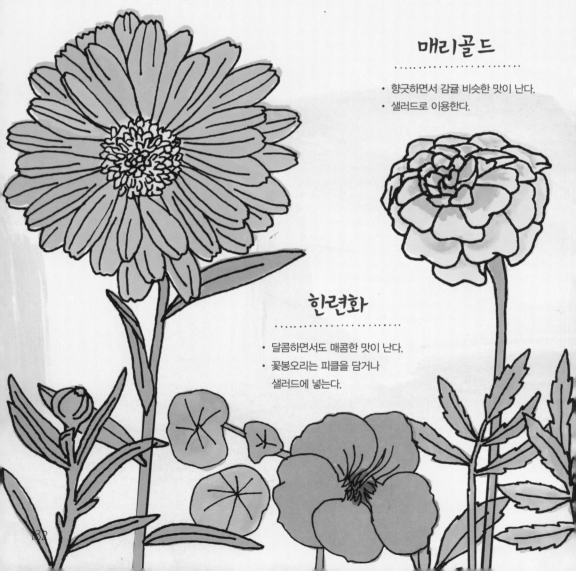

수레국화

• 달콤하면서 정향처럼 매운 맛도 난다.
• 요리의 고명으로 이용한다.

패랭이꽃

• 정향이나 육두구처럼 매운 맛이 난다.
• 케이크를 장식하거나 와인에 담가둔다.

제비꽃

• 달콤한 향기가 난다.
• 샐러드에 넣어도 되고 음료수나
  케이크 장식에 이용할 수도 있다.

183

누구나 따라할 수 있는
빵 만들기

**쉽고
간단하게
만드는
식빵**

재료 : 따뜻한 물 2컵,
　　　 꿀 2테이블스푼,
　　　 활성 드라이이스트 1테이블스푼,
　　　 식물성기름 2테이블스푼,
　　　 소금 2티스푼,
　　　 무표백 중력분 5~6컵,
　　　 밀배아 2테이블스푼,
　　　 탈지분유 1/2컵

1. 이스트 테스트

38도의 미지근한 물 2컵을 큰 믹싱볼에 붓는다.
여기에 드라이이스트와 꿀을 추가한 다음
10~15분가량 둔다. 이스트가 활성화되면
혼합물에서 거품이 생길 것이다.

2. 재료 섞기

식물성기름, 소금, 밀가루 2컵을 추가로 넣는다.
손이나 도우훅(반죽 갈고리)이 달린 스탠드 믹서를 이용해
재료를 잘 섞는다. 밀배아와 밀가루 2~3컵을 추가한다.
반죽이 어느 정도 됨직해질 때까지 갠다.

3. 반죽 치대기

깨끗한 작업대 위에 밀가루를 뿌려둔다.
손에 밀가루를 묻히고 작업대 위에서 반죽을 한다.
반죽을 눌러 다시 올라올 때까지 치댄다.

4. 반죽이 부풀어 오를 때까지
   기다리기(1차 발효)

큰 용기에 버터나 식물성기름을 넉넉히 바른 다음
반죽을 넣고 기름이 골고루 묻도록 굴려준다.
깨끗한 키친타월로 용기를 덮고 나서 따뜻하고
외풍이 없는 곳에 둔다.
반죽이 두 배로 부풀어 오르는 데는
45분에서 2~3시간가량 걸린다.

허브빵
만드는 방법은
p.99에
소개되어 있다.

5. 반죽의 공기 빼기(휴지기)

주먹으로 반죽을 내리쳐 공기를 뺀다.
밀가루를 살짝 덧뿌린 반죽을 서너 차례 치대준다.
반죽을 같은 크기로 분할해 키친타월을 덮은 다음
5~15분가량 둔다.

6. 빵 모양 만들어 빵틀에 넣기
(성형과 팬닝, 2차 발효)

20~23cm 길이의 빵틀에 기름을 칠한다.
반죽을 둥글렸다가 약간 평평하게 편 다음,
틀에 넣는다. 이때 반죽은 빵틀의 절반 정도만
차지해야 한다. 반죽 위쪽에 버터를 발라준다.
빵틀을 키친타월로 덮고 45분에서
한 시간가량 둔다. 오븐을 190도로 예열한다.

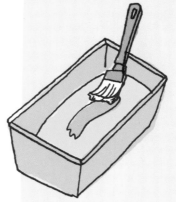

7. 빵 굽기

빵틀을 오븐에 넣고 25~30분가량 굽는다.
빵이 연갈색을 띠고 두드렸을 때 속이 빈 것처럼
울려야 제대로 구워진 것이다.
빵틀을 가볍게 두드려 빵을 꺼낸 다음
선반 위에서 식힌다.

8. 맛있게 먹기!

빵을 썰어 기호에 맞게
샐러드, 치즈, 버터를 곁들여 먹는다.

크림 우유가 가라앉고 나서 위로 뜨는 고형지방

배양균(스타터) 유당(락토오스)을 젖산(락트산)으로 바꾸는 유익한 박테리아.
요구르트, 버터밀크, 다양한 유형의 치즈를 만드는 데 이용된다.

커드 우유에 레닛을 추가하면 형성되는 부드러운 응고물

균질화 유지방을 분해해 크림이 위로 뜨지 않도록 고루 분산시키는 과정

원유 젖소(또는 염소나 양)에서 갓 짜내 저온살균처리가 이뤄지지 않은 젖

레닛 우유를 응고시켜 치즈로 만드는 효소가 들어 있다.

저온살균 보존기간을 늘리기 위해 원유를 섭씨 60도 이상으로 짧은 시간
가열했다가 급속 냉각하는 과정

유청 치즈나 요구르트를 만들 때 생기는 액체. 리코타 등의 치즈를
만드는 데 쓸 수 있다.

다양한 유제품

버터밀크

버터가 만들어지고 남은 액체

버터

유지가 많은 크림을 휘저어 고형의 과립을 만든
다음 치대어 유청을 제거해 얻는다.

사워크림

저온살균처리가 이뤄지지 않은 신선한 크림이
상온에서 발효되었을 때 형성된다. 자연 발생한
박테리아가 톡 쏘는 맛을 지닌 걸쭉한
크림을 만들어낸다.

요구르트

우유에 배양균을 첨가해 만든 발효유제품이다.
요구르트에는 소화를 돕고 건강 전반에
도움이 되는 활생균이 들어 있다.

코티지 치즈

우유에 레닛과 버터밀크를
넣고 가열해 만든 고형의
커드에서 유청을 짜내
얻는다.

수제 치즈 만들기

1. 우유 가열

온도계

2. 배양균 넣기

배양균은 유당을 젖산으로 바꾸는 박테리아로 이루어져 있으며 치즈의 숙성 속도를 조절하는 역할을 한다.

3. 레닛 넣기

레닛은 우유가 엉겨 붙어 커드를 형성하도록 돕는 효소다.

4. 커드 절단

커드 절단기

5. 커드 가열

6. 커드에서 유청 걸러내기

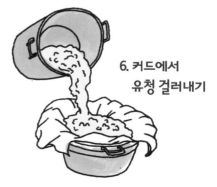

7. 소금 넣기

8. 커드를 치즈 압축기에 붓기

9. 커드 누르기

잠금장치
압력계
가로대
종동부
치즈틀

유청받이

10. 치즈의 물기 말리기

11. 치즈에 왁스코팅하기

맛있는 치즈 완성!

다양한 고기칼

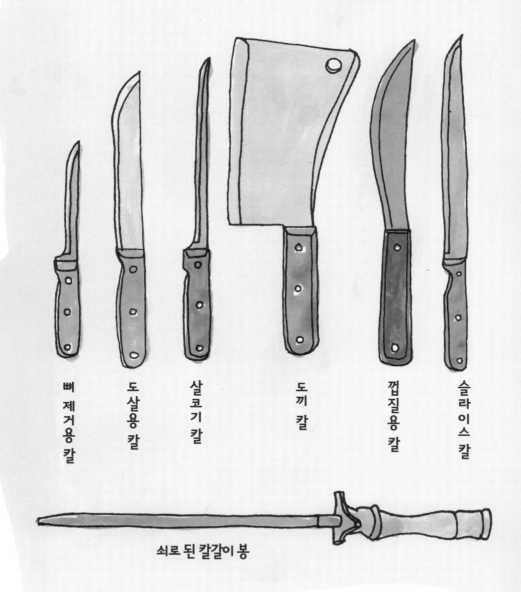

뼈 제거용 칼

도살용 칼

살코기 칼

도끼 칼

껍질용 칼

슬라이스 칼

쇠로 된 칼갈이 봉

닭고기 손질법

넓적다리와 몸체 사이를 자른다.

양다리를 잡고 바깥쪽으로
잡아당기면서 고관절을 꺾는다.

칼을 위아래로 움직이면서
다리를 자른다.

관절을 잘라 다리에서
넓적다리를 떼어낸다.

날개를 잡아당겨 뼈 있는 쪽에서
잘라낸다.

튀김용 날개가
필요하면 날개를
세 부분으로 자른다.

몸체를 물구나무 세운 다음
갈비뼈 끝을 따라가며
꼬리부터 목까지 잘라 등을
떼어낸다. 그것을 반으로
끊으면 등 아래쪽에서
갈비를 분리할 수 있다.

가슴뼈를 발라내고
가슴살을 반으로
자른다.

최상등급 쇠고기

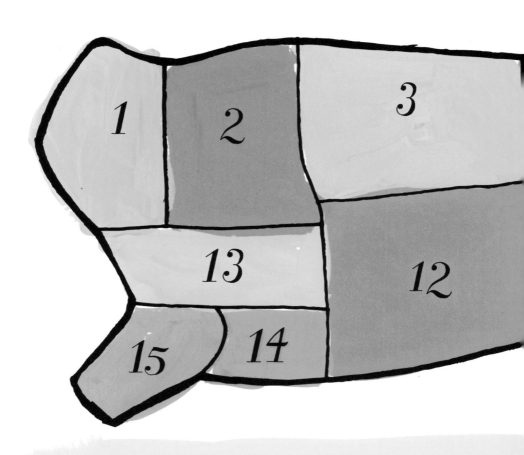

1 목

2 목심(장정육)

3 갈비

4 안심

5 채끝

6 우둔

7 홍두깨

8 삼각살

PRIME CUTS of ☆ BEEF ☆

9 뒷다리사태

10 도가니살

11 치마살

12 양지

13 잉글리쉬컷 (영국식으로 얇게 썰어낸 부위)

14 앞다리

15 앞다리사태

고기와 감자를 듬뿍 넣은
셰퍼드 파이 만들기

재료
다진 로스트비프 2컵,
깍둑썰기해서 익힌 당근 1컵,
완두콩 1컵,
깍둑썰기해서 익힌 양파 1/2컵,
으깬 감자 2컵,
체다치즈 분말 2컵

요리법

1. 오븐이나 화로를 예열한다.

2. 다진 로스트비프, 당근, 완두콩, 양파를 섞는다.

3. 2의 혼합물을 유리나 세라믹 용기(23×30cm) 바닥에 펼쳐놓는다. 그 위에
   으깬 감자를 두껍게 깔고 포크를 이용해 평평한 모양을 만든다.

4. 마지막으로 체다치즈 분말을 뿌리고 으깬 감자가 갈색이 될 때까지 10분
   가량 가열한다. 완성된 요리는 식기 전에 즉시 차려낸다.

6인분

훈제통 만들기

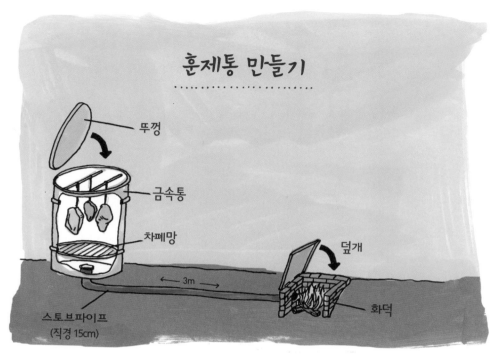

- 뚜껑
- 금속통
- 차폐망
- 덮개
- 화덕
- ← 3m →
- 스토브파이프 (직경 15cm)

금속통을 화덕에 연결하면 간단한 훈제통이 완성된다. 이렇게 만든 훈제통은 주기적으로 청소를 해주고 사용하지 않을 때는 동물이 안으로 들어가지 못하도록 신경을 써야 한다. 땔감으로는 단풍나무, 자작나무, 밤나무처럼 단단한 나무가 좋다. 차폐망을 이용해 훈제실 내부의 연기를 분산시킨다.

육류의 종류	훈제 온도
닭/오리/거위	80도
소/송아지/양구이	60~75도
돼지	70~75도

최상등급 돼지고기

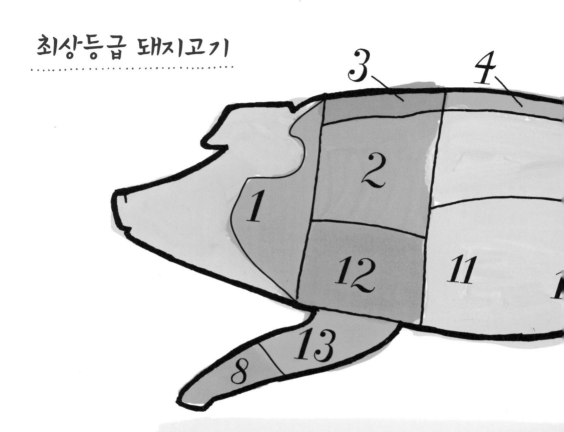

1 볼살(턱밑살)   4 등지방

2 목심   5 등심

3 어깨지방   6 넓적다리

PRIME CUTS
of
★ **PORK** ★

5

9

6

7

8

7	뒷다리사태		*11*	갈비
8	다리		*12*	전지
9	안심		*13*	앞다리사태
10	삼겹살			

건염법으로 햄 만들기

··

고기 한 근에 아래의 염지믹스 30g이 들어간다.

믹스 재료 : 절임용 소금 3kg,

              설탕 1kg,

              질산나트륨 30g (후추, 마늘, 양파 같은 양념은 기호에 따라 선택)

- 고기 덩어리에 염지믹스를 골고루 발라 표면을 완전히 덮는다.
- 바닥에 구멍이 뚫린 큰 상자 속에 염지믹스를 두껍게 깔아둔다.
- 큰 고기 덩어리를 서로 들러붙지 않게 상자에 넣고 나서 염지믹스로 완전히 덮어준다.
- 작은 고기 덩어리를 추가로 넣고 나서 염지믹스로 덮은 다음 상자를 닫는다.
- 섭씨 1도로 나흘간 냉장 보관한다. 고기 상태를 확인해 같은 방법으로 다시 절인다.
  절임 시간은 고기 한 근당 대개 나흘이 소요되지만 날이 추우면 길어지고 더우면 짧아진다.
- 이렇게 절인 고기는 용기에서 꺼내 찬물에 담가두었다가 깨끗이 씻어낸다.

햄 포장하기

··

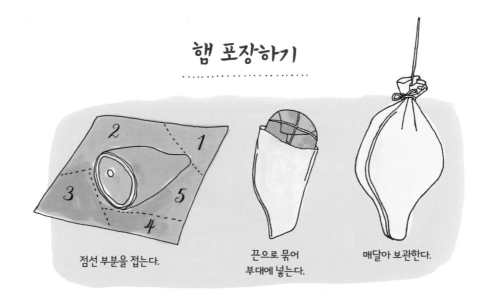

점선 부분을 접는다.   끈으로 묶어   매달아 보관한다.
부대에 넣는다.

파인애플이 들어간 햄 구이

재료
햄 3.5~4.5kg,
정향 2테이블스푼,
사과주스 또는 사이다 2컵,
매운 허니머스터드 또는 디종머스터드 1컵,
시럽에 졸인 파인애플 통조림(2개) 다진 것,
꿀 2/3컵, 다진 생강 1/2티스푼

요리법

1. 오븐을 160도로 예열한다. 팬 선반에 햄을 올려둔다. 햄 속에 7.5~10cm 간격으로 마름모꼴이 되도록 정향을 집어넣는다. 팬 바닥에 사과주스를 붓는다. 주스가 끓어오를 때까지 가열한 다음 오븐 속에 팬을 집어넣는다. 햄의 내부온도가 70도에 이를 때까지 굽는다. 500g의 햄을 굽는 데 20분가량이 소요된다.

2. 광택제로 쓸 머스터드, 파인애플(즙 포함), 꿀, 생강을 냄비에 넣고 섞는다. 중불에서 끓이다가 불을 줄이고 간간이 저어가면서 5분 정도 뭉근히 끓인다.

3. 햄 구이가 완성되기 약 40분 전에 햄 표면에 마름모꼴로 금을 내고 광택제를 펴 바른다. 햄을 다시 오븐에 넣고 10분 간격으로 광택제를 바른다.

8~12인분

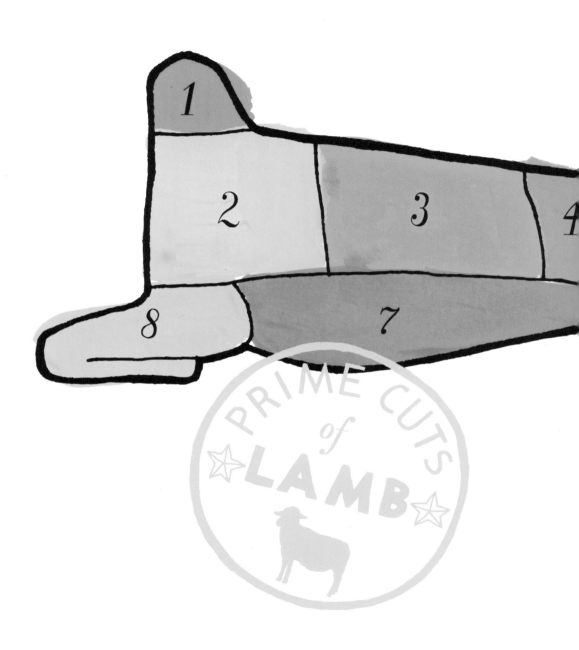

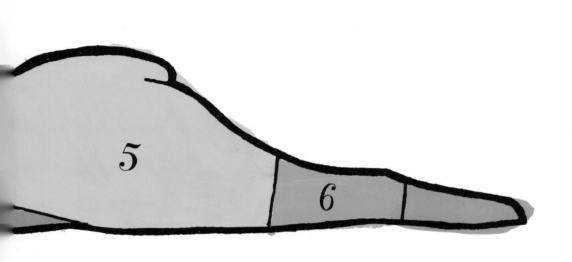

최상등급 양고기

1 목살

2 목정(목둘레살)

3 갈비

4 엉덩이살

5 다리

6 뒷다리사태

7 가슴살

8 앞다리사태

양고기 스튜 만들기

· ·

재료

식물성기름 2테이블스푼,

양 살코기 500g(2.5cm 크기로 깍둑썰기),

중간 크기의 양파 썰어놓은 것,

물 2컵, 우스터 소스 1테이블스푼,

무표백 중력분 2테이블스푼,

날콩이나 냉동콩 1컵,

중간 크기의 당근 3개 썬 것,

셀러리 줄기 1개 썬 것, 소금, 갓 빻은 후추

요리법

1. 묵직한 스튜용 냄비에 기름을 두르고 양고기를 갈색이 될 때까지 볶는다. 여기
   에 양파를 넣고 5분간 볶으면서 수시로 저어준다. 양고기에서 빠져나온 기름을
   따라 내고 물과 우스터 소스를 넣는다. 뚜껑을 덮고 30분간 끓인다.

2. 작은 용기에 밀가루와 물을 섞어 얇게 반죽을 만든다. 이 밀가루 반죽을 뜬어서
   냄비에 넣고 잘 섞는다. 여기에 기호에 맞춰 콩, 당근, 셀러리, 소금, 후추를 넣는
   다. 뚜껑을 덮고 다시 30분 이상 끓인 다음 스튜 요리를 즐긴다.

약 1.5L 분량

냉동육의 최대 저장기간

육류의 종류	용도 / 자른 상태	저장기간(개월)
쇠고기	구이용	12
	스테이크용 / 찹스테이크용	12
	갈아놓은 쇠고기	3
양고기	구이용	12
	찹스테이크용	9
돼지고기	구이용	8
	찹스테이크용	4
닭 / 오리	잘게 자른 고기	9

각종 채소의
통조림 만들기
· · · · · · · · · · · · · · · · · · · ·

통조림은 식료품을 오랫동안 신선한
상태로 유지하는 방법이다.
멸균 압력솥은 115도까지 온도를 높여
식료품에 들어 있는 세균을 박멸하므로
야채와 과일은 물론 육류도 변질 없이
보관이 가능하다. 통조림 만드는
방법을 대략 살펴보면 다음과 같다.

금속제 뚜껑

돔 리드

돔 리드실

나선형 병목

유리병의
구조

1

유리병에 내용물을 채우되,
가열 도중 내용물이 팽창되는 걸
감안해 용기 윗부분은 1.5cm
정도 남겨둔다.

2

고무 주걱을 유리병에 넣고
위아래로 움직여 기포가
빠져나오게 한다.

밀봉을 위해 유리병 가장자리와
병뚜껑을 닦아낸 다음 뚜껑을
돌려 닫는다.

압력솥 안의 선반에 유리병을 올려둔다.

안전 분동

다이얼 게이지

증기 배출구

안전밸브

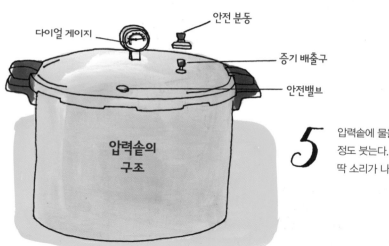

압력솥의
구조

압력솥에 물을 5~7.5cm
정도 붓는다.
딱 소리가 나도록 뚜껑을 닫는다.

최고온도에
이르렀을 때
배출구를 열어
압력솥의 김을 뺀다.

배출구에 분동을 올려 압력솥에 압력을 가한다.

8 분동이 움직이거나 게이지 눈금이 정확한 압력을 가리킬 때부터 시간을 재기 시작한다. 불을 조절하다가 일정 시간이 되면 완전히 끈다.

배출구를 열고 나서 몇 분 뒤에 김이 빠지도록 압력솥 뚜껑을 연다.

10 집게를 이용해 유리병을 압력솥에서 꺼낸다. 외풍이 없는 곳에 타월을 깔고 유리병을 올려둔다. 유리병이 완전히 식으면 내용물 식별이 가능하도록 병마다 이름표를 붙인다.

비트

당근

체리

덩굴강낭콩

지하 저장고

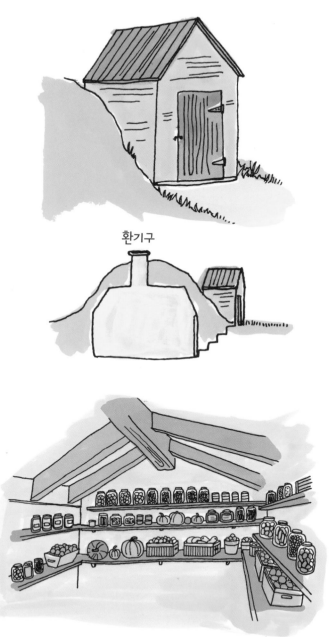

환기구

지하 저장고는 야채, 과일, 다양한
저장식품을 장기 보관하는 데 이용된다.
비트, 순무, 양파, 감자, 당근, 겨울호박,
사과 등은 적절한 조건만 갖추면 오래
두고 먹을 수 있다. 작물을 짚이나 젖은
모래 속에 층층이 쌓을 수도 있고
신문지로 둘러쌀 수도 있으며 그물망에
넣어 통풍이 잘 되는 곳에 매달아놓을
수도 있다.

지하 저장고는 대개 시원한 지하실이나
언덕의 비탈진 곳에 땅을 파고 만든다.
햇빛을 피하려면 저장고는 언덕의 북쪽에
자리를 잡아야 한다. 무엇보다 서늘한
온도(섭씨 0~5도)와 높은 습도가
유지되어야 식품이 여름에 상하거나
겨울에 얼어붙는 걸 막을 수 있다.
환기구는 따뜻한 공기가 배출되게 해주고
흙바닥은 일정한 습도를 유지하는 데
도움을 준다.

메이플시럽 만들기

사탕단풍

모든 단풍나무에서 수액이 나오지만,
그중에서도 양이 가장 많고 설탕 함량이
가장 높은 것은 사탕단풍이다.
수액은 낮이 길어지면 흘러나오기 시작해
일교차가 큰 기간 동안 가장 많이 나온다.
메이플시럽을 만드는 일은 어렵지 않지만 상당한 시간이 걸린다.
0.5L의 메이플시럽을 얻으려면 35~38L의 수액이 필요하다.

나무에
구멍 뚫는
드릴

채취관

수액을 얻으려면 바닥에서 60cm만큼 올라간 곳에 5cm
깊이로 나무에 구멍을 낸다. 나무의 크기에 따라 구멍의 수도
결정된다. 수액을 받는 나무는 직경이 적어도 25cm는
돼야 한다. 구멍으로 수액 채취관을 밀어 넣는다. 대부분의
채취관에는 수액이 수집되는 양동이를 걸어둘 고리가 달려 있다.

양동이

양동이에 수액이 어느 정도 차면 큰 솥이나 냄비에 붓고
졸아들도록 끓인다. 수액이 끓어오르면 부피가 상당량 줄어들면서
걸쭉해질 것이다. 수액이 스푼으로 떠서 기울였을 때 떨어지지
않고 끈끈하게 달라붙으면 완성된 것이다. 끓인 수액을 식힌 다음
커피 필터를 이용해 불순물을 걸러낸다.
완성된 시럽을 병에 넣고 필요할 때마다 이용한다.

수액 받기

완성되지 않은 시럽은 스푼에서
한 방울씩 떨어진다.

완성된 시럽은 스푼에
끈끈하게 달라붙는다.

메이플시럽으로 퍼지* 만들기

재료
백설탕 2컵,
메이플시럽 1컵,
저유지방 크림 1/2컵,
버터 2테이블스푼

요리법

1. 사각팬(20×20㎝)에 버터를 두른다. 중간 크기의 냄비에 재료를 모두 넣고 섞는다. 끓어오를 때까지 중불에서 간간이 저어가며 가열한다.

2. 냄비의 측면에 온도계를 부착하고 섭씨 115도에 이를 때까지 혼합물을 저어가며 10~15분간 가열한다. 불을 끄고 미지근할 정도로(40도) 혼합물을 1시간가량 식힌다.

3. 온도계를 꺼낸 다음 혼합물이 밝은 색을 띠면서 윤기를 잃어 퍼지가 만들어질 때까지 나무 숟가락으로 치댄다.

4. 퍼지가 완성되면 준비해둔 팬에 붓고 재빨리 누른다. 아직 따뜻할 때 퍼지에 사각형으로 금을 그어둔다. 퍼지가 굳으면 사각형으로 잘라 밀봉 보관한다.

24조각 분량

---

* 크림처럼 부드럽고 무른 캔디

CHAPTER 7

자연에서 하는 취미생활

✤ 실 만들기 ✤

소면(梳綿) / 소모(梳毛)
·····································

소면이나 소모는 실을 잣기 전에 목화솜이나
양모를 가지런히 펴는 과정이다.
전통적인 수작업에서는 카드(card)라 불리는
철망이 달린 두 개의 나무판 사이에 목화솜이나
양모를 펼쳐놓고 왔다갔다 옮기는 동작을
반복한다. 이는 목화솜이나 양모를 가지런히
빗질해주는 작업이다. 섬유조직이 충분히
분리되면 돌돌 말아준다.

통소면기(통소모기)는 손으로 할 때보다 훨씬
많은 양의 섬유조직을 한꺼번에 작업할 수
있다. 기계에 목화솜이나 양모를 넣고 손잡이를
돌리면 철망이 달린 롤러와 메인 드럼으로
섬유조직이 들어가 분리, 정돈된다.

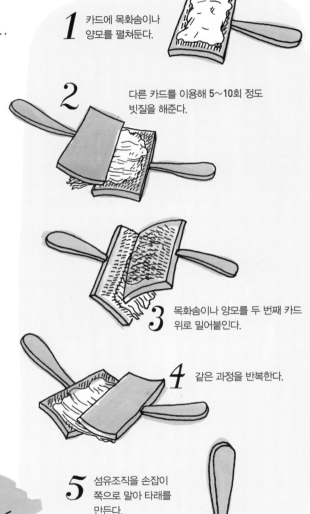

1 카드에 목화솜이나
양모를 펼쳐둔다.

2 다른 카드를 이용해 5~10회 정도
빗질을 해준다.

3 목화솜이나 양모를 두 번째 카드
위로 밀어붙인다.

4 같은 과정을 반복한다.

5 섬유조직을 손잡이
쪽으로 말아 타래를
만든다.

타래

통소면기(통소모기)

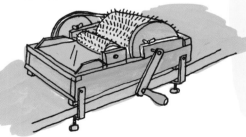

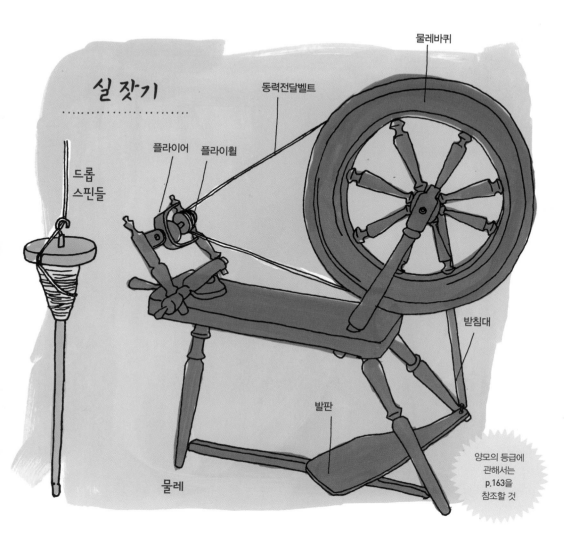

실 잣기

. . . .

드롭
스핀들

플라이어   플라이휠

동력전달벨트

물레바퀴

받침대

발판

물레

양모의 등급에
관해서는
p.163을
참조할 것

섬유조직을 정돈하고 나면 다음 단계는 실을 만드는 실잣기(방적)다.
이 과정에서는 팽이처럼 생긴 드롭 스핀들(drop spindle)이란 도구를 이용할 수도 있다.
많은 양을 작업하려면 물레를 이용해야 한다.

물레에는 서너 가지 형태가 있다. 그림에 소개된 물레는 발판을 위아래로 움직이면
바퀴가 돌아가는 구조로 되어 있는데, 가장 널리 이용되던 물레의 형태 가운데 하나다.
이 때 실을 잣는 사람은 양손을 이용해 섬유조직을 조금씩 잡아당긴다.

천연염색

양모로 만든 실은 식물의 잎, 꽃, 뿌리, 열매 같은
천연소재를 이용해 염색할 수 있다.
여기에 소개하는 식물 중에는 집 뒷마당에서
얻을 수 있는 것도 있다.

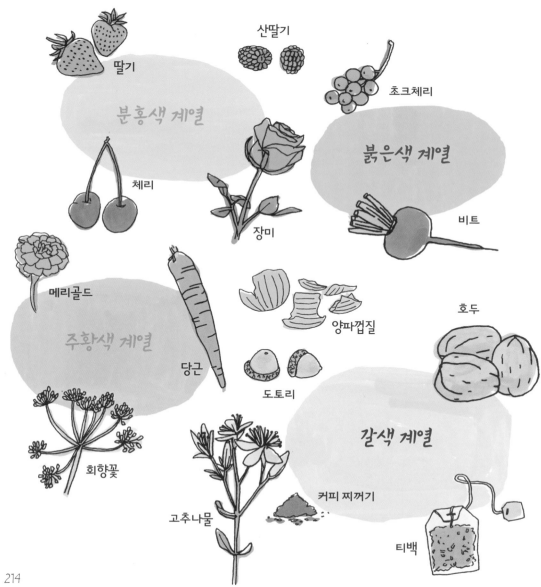

딸기

산딸기

초크체리

분홍색 계열

체리

붉은색 계열

장미

비트

메리골드

호두

주황색 계열

당근

양파껍질

도토리

갈색 계열

회향꽃

고추나물

커피 찌꺼기

티백

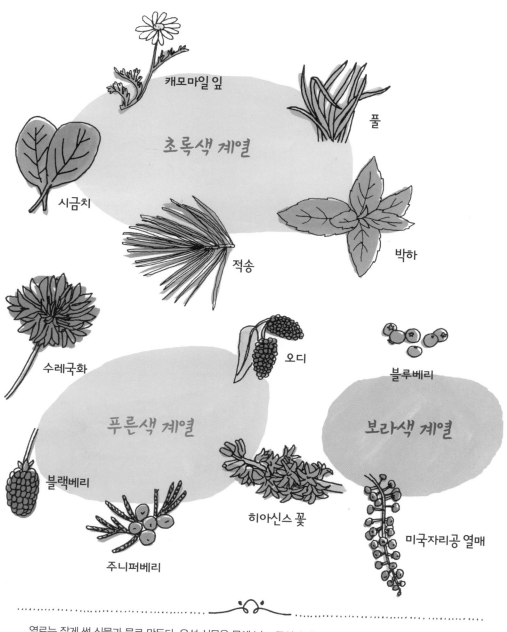

캐모마일 잎

풀

초록색 계열

시금치

적송

박하

수레국화

오디

블루베리

푸른색 계열

보라색 계열

블랙베리

히아신스 꽃

주니퍼베리

미국자리공 열매

염료는 잘게 썬 식물과 물로 만든다. 우선 식물을 물에 넣고 끓인다. 원하는 색의 농도와 염료의 종류에 따라 실을 30분에서 한 시간 정도 이렇게 만든 염료 속에 넣은 채 끓여야 한다.

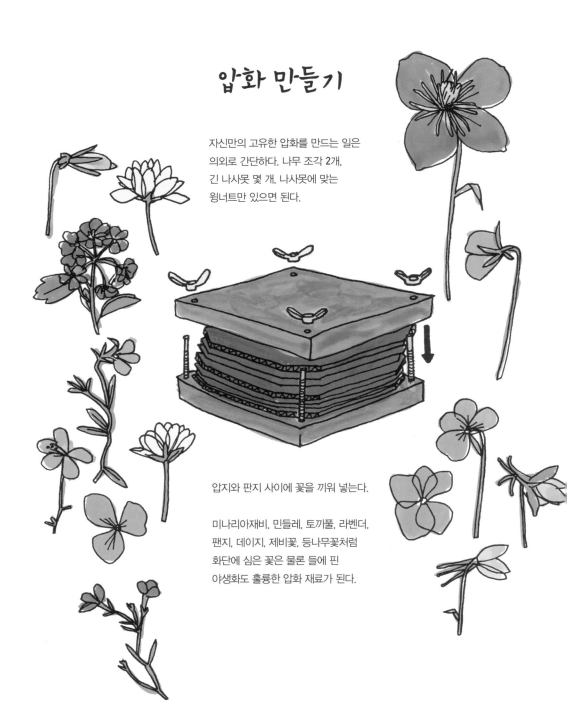

압화 만들기

자신만의 고유한 압화를 만드는 일은
의외로 간단하다. 나무 조각 2개,
긴 나사못 몇 개, 나사못에 맞는
윙너트만 있으면 된다.

압지와 판지 사이에 꽃을 끼워 넣는다.

미나리아재비, 민들레, 토끼풀, 라벤더,
팬지, 데이지, 제비꽃, 등나무꽃처럼
화단에 심은 꽃은 물론 들에 핀
야생화도 훌륭한 압화 재료가 된다.

옥수수 껍질로
인형 만들기

옥수수에 대해서는 p.87을 참조할 것

1 옥수수 껍질(6장 정도)을 물에 담가 유연하게 만든다.

2 껍질 3장의 끝을 한데 모은다.

3 한데 모은 껍질의 끝을 네 번째 껍질로 둘러 묶는다.

4 묶은 쪽으로 껍질을 뒤집어 젖힌다.

5 끈으로 묶어 머리를 만든다.

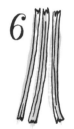

6 새로운 껍질을 세로로 길게 3등분한다.

7 세 갈래로 쪼갠 껍질을 묶어 한 가닥으로 땋은 다음 끝부분을 묶는다.

8 한 가닥으로 땋은 껍질을 머리 아래쪽에 끼워 넣는다.

9 마지막 껍질을 세로로 길게 2등분한다.

10 2등분한 껍질로 인형의 어깨를 두른다.

11 가운데 부분을 끈으로 동여매 잘록한 허리를 만들면 인형이 완성된다!

래그러그 만들기

헌옷이나 낡은 천을 이용해
새로운 소품을 만들어보자!
래그러그를 만들기 위해서는
기초적인 바느질만 할 줄 알면 된다.

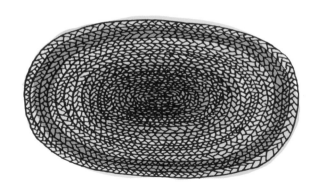

1 천 조각을 5~7.5cm 폭으로 자르되,
가급적이면 끝부분을 사선으로
비스듬하게 재단한다.

2 천 조각을 기워 어느 정도 길이가 되도록
끈을 3개 만든다.

3 천을 한 쪽 끝에서 매듭짓고 머리를
땋듯이 끈을 땋는다.

4 이렇게 땋은 가닥을 평평하게 펼쳐
둥글게 감아 기우면 러그가 완성된다.
러그를 크게 만들려면 땋은 가닥을
더 많이 이어붙이면 된다.

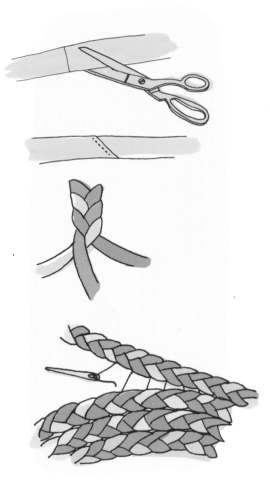

양초 만들기

1 원하는 크기의 초에 맞춰 심지는 두 배
길이로 준비한다. 양쪽의 길이가 같도록
심지를 프레임이나 막대에 걸어둔다.
심지 양쪽 끝에 추(나사나 너트)를
달아두면 아래쪽으로 힘을 받게 된다.

심지

나사나
너트

온도계

밀랍

물

삼발이

2 이중 냄비에 밀랍을 넣고
섭씨 **70~75**도로 가열한다.
취향에 맞게 색이나 향을 추가한다.

3 심지를 밀랍 속에 몇 초간 담갔다가
꺼내 식힌다. 원하는 두께의 초가
나올 때까지 이런 과정을 반복한다.

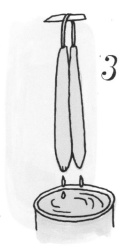

4 추를 끊고 심지를 잘라
양초를 둘로 분리한다.

퀼트 만들기

퀼트는 겉감과 안감
사이에 솜을 넣고
바느질 하여 누비는 것으로,
세 겹의 천으로 이루어진다.

겉감
솜
안감

퀼트 테두리

퀼트를 만드는 데 필요한 기본적인 테두리 기법을
소개하면 다음과 같다.

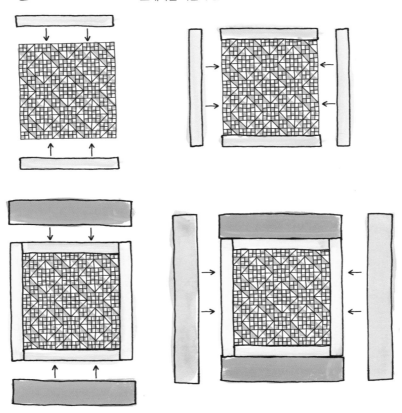

인기 많은 퀼트 문양

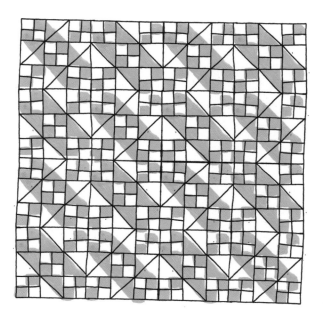

야곱의 사다리

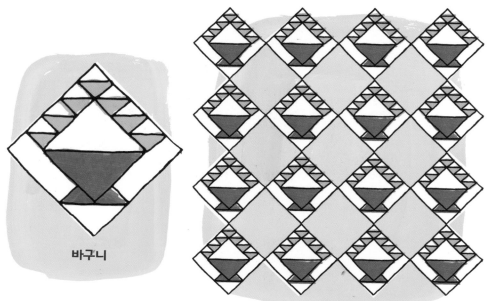

바구니

더블 T

캐롤라이나 백합

더블 웨딩 링

통나무집

결혼할 때 우리 엄마와 매트의 어머니는
통나무집 무늬를 넣은 아름다운 퀼트 소품을
만들어주셨다. 그곳에는 퀼트 조각천마다
한 칸 걸러 한 칸씩 우리들 각자의
어릴 적 사진이 인쇄되어 있었다.

STOREY BOOKS

Bubel, Mike and Nancy Bubel. Root Cellaring. Storey Publishing, 1991

Burch, Monte. Building Small Barns, Sheds & Shelters. Storey Publishing, 1983.

Carroll, Ricki. Home Cheese Making, 3rd ed. Storey Publishing, 2002.

Chesman, Andrea and Fran Raboff. 250 Treasured Country Desserts. Storey Publishing, 2009.

Chioffi, Nancy and Gretchen Mead. Keeping the Harvest. Storey Publishing, 1991.

Damerow, Gail, ed. Barnyard in your Backyard. Storey Publishing, 2002.

———. Fences for Pasture & Garden. Storey Publishing, 1992.

———. Storey's Guide to Raising Chickens, 3rd ed. Storey Publishing, 2010.

Damerow, Gail and Alina Rice. Draft Horses and Mules. Storey Publishing, 2008.

Dutson, Judith. Storey's Illustrated Guide to 96 Horse Breeds of North America. Storey Publishing, 2005.

Eastman, Wilbur F. A Guide to Canning, Freezing, Curing & Smoking Meat, Fish & Game, rev ed. Storey Publishing, 2002

Ekarius, Carol. How to Build Animal Housing. Storey Publishing, 2004

———. Pocketful of Poultry. Storey Publishing, 2007.

———. Storey's Illustrated Breed Guide to Sheep, Goats, Cattle and Pigs. Storey Publishing, 2008.

Headrich, Ken. Maple Syrup Cookbook. Storey Publishing, 2001

Hansen, Ann Larkin. The Organic Farming Manual. Storey Publishing, 2010.

Herd, Tim. Maple Sugar. Storey Publishing, 2010

Klober, Kelly. Storey's Guide to Raising Pigs, 3rd ed. Storey Publishing, 2009.

Macher, Ron. Making Your Small Farm Profitable. Storey Publishing, 1999.

Madigan, Carleen, ed. The Backyard Homestead. Storey Publishing, 2009.

Mettler, John J. Jr. Basic Butchering of Livestock & Game. Storey Publishing, 1986. Revised and updated by Martin J. Marchello, 2003.

Philbrick, Frank and Stephen Philbrick. The Backyard Lumber Jack. Storey Publishing, 2006.

Ruechel, Julius. Grass-Fed Cattle. Storey Publishing, 2006.

Sanford, Malcolm T., and Richard E.Bonney. Storey's Guide to Keeping Honey Bees. Storey Publishing, 2010.

Schwenke, Karl. Successful Small-Scale Farming. Storey Publishing, 1991.

Simmons, Paula and Carol Ekarius. Storey's Guide to Raising Sheep, 4th ed. Storey Publishing, 2009.

Smith Edward C. The Vegetable Gardeners Bible, 10th Anniversary ed. Storey Publishing, 2009.

Sobon, Jack and Roger Schroeder. Timber Frame Construction. Storey Publishing, 1984

Storey, Martha. 500 Treasured Country Recipes. Storey Publishing, 2000.

Thomas, Heather Smith. Getting Started with Beef & Dairy Cattle. Storey Publishing, 2005.

Weaver, Sue. The Donkey Companion. Storey Publishing, 2008.

STOREY BULLETINS

Bubel, Nancy. Braiding Rugs. A Storey Country Wisdom Bulletin A-3. Storey Publishing, 1977.

Heinrichs, Jay. Woodlot Management. A Storey Country Wisdom Bulletin A-70. Storey Publishing, 1981.

Hobson, Phyllis. Making Cheese, Butter & Yogurt. A Storey Country Wisdom Bulletin A-57. Storey Publishing, 1980.

Oppenheimer Betty. Making Hand-Dipped Candles. A Storey Country Wisdom Bulletin A-192. Storey Publishing, 1999.

Perrin, Noel. Making Maple Syrup. A Storey Country Wisdom Bulletin A-51. Storey Publishing, 1980.

Stephens, Rockwell. Axes & Chainsaws: Use and Maintenance. A Storey Country Wisdom Bulletin A-13. Storey Publishing, 1977.

OTHER BOOKS

Blackwood, Alan. Spotlight on Grain. Rourke Enterprises, 1987.

Dunne, Niall, ed. Healthy Soils for Sustainable Gardens. Brooklyn Botanic Gardens, 2009.

Editors of Storey Books. Country Wisdom & Know-How. Black Dog & Leventhal, 2004.

Henshaw, Peter. Illustrated Dictionary of Tractors. MBI Publishing, 2002.

May, Chris. The Horse Care Manual. Barron's 1987.

Pellman, Rachel T. Amish Quilt Patterns, rev ed. Good Books, 1998.

Scott, Nicky. Composting: An Easy Household Guide. Chelsea Green, 2007.

Sellens, Alvin, ed. Dictionary of American Hand Tools. Schiffer Books, 1990.

WEBSITES

Biology 205: General Botany
The College of William & Mary
www.resnet.wm.edu/~mcmath/bio205/diagrams/botun08c.gif
"Germination and development of the seedling in garden bean (Phaselus vulgaris), a dicot" a digital
copy of a transparency that accompanies Peter H. Raven, Ray F. Evert, and Susan E. Eichhorn's,
Biology of Plants, 5th ed. Worth Publishers, 1992.

Crops
Vegetable Research and Extension
Washigton State University
Http://agsyst.wsu.edu/vegtble.html
Information on dry bean varieties for niche markets in the USA

Draft Horse Harness & Harness Parts
Horse Lovers Headquarters
www.horseloversheadquarters.com/site/570970/page/590504
Scroll down the page a little bit to find the section entitled, Draft Horse Harness Parts Descriptions
and a harness diagram

"Essential Tools and Equipment for the Small Farm." by Carol Ekarius
Hobby Farms
www.hobbyfarms.com/farm-equipment-and-tools/tools-equipment-14995.aspx

Extension Publications
University of Tennessee
http://bioengr.ag.utk.edu/extension/extpubs
Source of the "Agricultural Building and Equipment Plan List(PB 1590)"

How to Grow 100 lbs. of Potatoes in 4 Square Feet
Irish Eyes Garden Seeds
www.irisheyesgardenseeds.com/growers1.php

"Making Natural Dyes from Plants." by Pineerthinking.com
Pioneer Thinking
http://pioneerthinking.com/naturaldyes.html

Transport and Machinery
Merriam-Webster Visual Dictionary Online
http://visual.merriam-webster.com/transport-machinery/heavy-machinery.php

"Water Pumping Windmills." by Dorothy Ainsworth
Backwoods Home Magazine
www.backwoodshome.com/article2/ainsworth90.html
From issue 90.November/December 2004

감사의 말

여러 가지를 배울 수 있었던 이번 프로젝트를 진행할 기회가 주어진 것에 대해 진심으로 감사드린다.

인내심의 진수를 보여준 리사 힐레이, 데보라 발무스, 알리시아 모리슨과 팜 아트 팀은 갖가지 아이디어와 넘볼 수 없는 식견으로 큰 도움을 주었다. 캐롤 엑카이루스 역시 이 분야 최고의 전문가임을 입증해주었다.

내가 벌이는 일마다 남다른 시각으로 조언을 아끼지 않은 제니 볼보브스키와 매트 라모트에게도 고맙다는 말을 하고 싶다.

또한 재능 많은 화가 레아 고렌의 도움이 없었다면 이 책을 끝내지 못했을 것이다! 우리 집 주방에서 함께 작업하던 시간은 또 얼마나 즐거웠던지…….

끊임없는 도움을 주신 엄마와 아빠, 제스, 러스, 할머니 베티, 루디에게도 감사드린다. 친구들도 빠질 수 없는데, 그중에서도 특히 그레이스 보니, 에이미 아자리토, 로렌 나세프, 안나 베나로야의 도움이 컸다.

누구보다도 이번 프로젝트를 시작하도록 영감을 불어넣고 작업의 의미를 부여해주었던, 남편 매튜 커티스 롱에이커에게 말로는 다할 수 없는 고마움을 전한다.

농장해부도감

초판 1쇄 발행 | 2016년 10월 25일
초판 4쇄 발행 | 2024년 4월 19일

지은이 | 줄리아 로스먼
옮긴이 | 이경아

발행인 | 김기중
주간 | 신선영
편집 | 민성원, 백수연
마케팅 | 김신정, 김보미
경영지원 | 홍운선
펴낸곳 | 도서출판 더숲
주소 | 서울시 마포구 동교로 43-1 (04018)
전화 | 02-3141-8301~2
팩스 | 02-3141-8303
이메일 | info@theforestbook.co.kr
페이스북 | @forestbookwithu
인스타그램 | @theforest_book
출판신고 | 2009년 3월 30일 제2009-000062호

ISBN | 979-11-86900-18-5 (03400)